小学生优秀课外读物

如何塑造出完美的自己

做优秀的自己

责任

U0660293

姜忠喆　竭宝峰◎主编

辽海出版社

责编:刘波

图书在版编目(CIP)数据

做优秀的自己/姜忠喆,竭宝峰编. − −沈阳:辽海出版社,
2015.11

ISBN 978 − 7 − 5451 − 3586 − 2

Ⅰ.①做… Ⅱ.①姜… ②竭… Ⅲ.①成功心理 – 青
少年读物 Ⅳ.①B848.4 − 49

中国版本图书馆 CIP 数据核字(2015)第 282438 号

做 优 秀 的 自 己

姜忠喆,竭宝峰/主编

出版:辽海出版社	地址:沈阳市和平区十一纬路 25 号
印刷:北京华创印务有限公司	字数:480 千字
开本:880mm × 1230mm 1/32	印张:40
版次:2016 年 4 月第 1 版	印次:2016 年 4 月第 1 次印刷
书号:ISBN 978 − 7 − 5451 − 3586 − 2	定价:168.00 元(全 8 册)

前　言

　　浓缩传统智慧精华的成长故事，可以使我们获得来自心灵的启示，让我们拥有人生的大智慧，甚至可能改变一个人的命运。一则好的故事可以教育我们知晓生存的意义；一则好的故事可以让我们以新的方式去体会大千世界、芸芸众生；一则好的故事可以改善与他人的关系，怡人性情。在面临挑战、遭受挫折时，读读这些故事，相信你能从中汲取力量；在烦恼、痛苦和失落时，读读这些故事，相信你能从中获取慰藉；读读这些故事，相信你能鼓起梦想的风帆。

　　为此，我们辑录成书——《做优秀的自己》，全书共八册，多以古代传统故事组合形式各自独立成篇，选取最有代表性的加以编排整理，在每一则故事的后面，我们都配有简短的点评，希望能给本书的读者一点点帮助。但我们深深知道，故事所包含的智慧远远不止这一点点，不同的人可能有不同的见解，仁者见仁，智者见智。我们只希望小小的点评可以起到抛砖引玉的作用，通过读者自己的思考融会贯通，以求得对自己全面的、系统的了解。切忌断章取义，只抓住一句话就作判断、下结论。我们相信读者能从故事中感知到更多的人生成长启示。

关于本书的辑录

1 感恩——我怀感恩的心

人，要常怀有一颗感恩的心，去看待我们正在经历的生命，悉心呵护。我们应该感恩出现在生命中的人、事、物，是他们让生命更有意义，显示出生命别样精彩。

2 宽仁——我学宽厚仁爱

人，活在世上就要学会宽仁，学会原谅别人，这是一种文明、一种胸怀，对人宽仁心胸宽广，帮助别人快乐自己。别人若是不小心犯了错误，而不是明知故犯，就要原谅；对朋友要热情，遇到需要帮助的人一定给予帮助，凡事往好的方面设想，多看到别人的优点，不贬低别人。

3 正直——我要正直诚信

正直是我们的一种优秀品德。正，就是说话做事正确，坚持正义去主持公道。这样的人就会得到别人的爱戴，这样的人就有了一身正气、一身正能量。

4 责任——我来管好自己

责任就是能担当，就是接受并负起职责。对于我们就是首先要管好自己、对自己负责，这样才能走向成功，相反的就会误人又害自己。这就需要我们有十足的信心和勇气好好用知识来提高自身的素质。

5 尊重——我会尊重别人

尊重是人与人之间和美相处的前提，尊重别人才能赢得别人对自己的尊重，尊重别人就是尊重自己。你对别人的尊重会在那个人心中留下美好的印像；那么，别人也会好好对待你。

6 勤奋——我也可以最棒

生命中能有所成就，靠的就是勤奋。一分耕耘一分收获，只有辛勤的付出才有喜悦的收获，不要以为自己比别人聪明就不需要勤奋学习，那样做只会使自己退步。只有坚持不懈的努力学习，我们才能成功。

7 自信——我能面对艰难

自信就是一种思想、一种感觉，就是对自己的肯定。拥有了自信就拥有了力量，我们可以时时暗示自己：我能行；我是最棒的；我不退缩不恐惧就一定能成功；我会更加优秀的。学会欣赏自己、表扬自己，找到自己的优点、长处来激励自己。

8 乐观——我想快乐无忧

人，在任何情况下都应该保持乐观的心态。乐观对待事物，我们的生活才可以无忧无虑，才能轻松愉悦。面对生活中的种种难处都要乐观面对，以平淡和乐的想法去处理，这样你的一切就会充满阳光。

目录

3

第一章
对自己的人生负责

　　每个人在世上都只有活一次的机会,没有任何人能够代替你重新活一次。如果自己这惟一的人生虚度了,也没有任何人能够真正安慰你。认识到这一点,我们对自己的人生怎么能不产生强烈的责任心呢? 对自己的人生的责任,每个人都只能完全由自己来承担,一丝一毫依靠不了别人。一个人惟有对自己的人生负责.建立了真正属于自己的人生目标和生活信念,才可能自觉地选择和承担起对他人和社会的责任。正如歌德所说:"责任就是对自己要求去做的事情有一种爱。"因为这种爱,所以尽责本身就成了生命意义的一种实现,就能从中获得心灵的满足。这样的人把尽责不是看作从外面加给他的负担而勉强承受,便是看作纯粹的付出而索求回报。

　　一个不知对自己的人生负有什么责任的人,他甚至无法弄清他在世界上的责任是什么。托尔斯泰想到:人们为之受苦的巨大灾难就在于没有自己的信念,却偏要做出按照某种信念生活的样子。当然,这样的信念只能是空洞的。这是一种情况。更常见的情况是,许多人对责任的关系确实是完全被动的,他们之所以把一些做法视为自己的责任,不是出于自觉的选择,而是由于习惯、时尚、舆论等原因。譬如说,有的人把偶然却又长期从事的某一职业当作了自己的责任,从不尝试去拥有真正适合自己本性的事业。由于他们不曾认真地想过自己的人生使命究竟是什么,在责任问题上也就必然是盲目的了。

所以,我们活在世上,必须知道自己究竟想要什么。一个人认清了他在这世界上要做的事情,并且在认真地做着这些事情,他就会获得一种内在的平静和充实。他知道自己的责任之所在,因而关于责任的种种虚假观念都不能使他动摇了。

一个人没了个性,便失去了自己。同为名山:华山险;泰山雄;黄山奇;峨嵋秀。险、雄、奇、秀,就是不同的个性。山如此,人亦然。

——读书札记

朱熹与陆九渊

我国南宋时期有两个著名的哲学家,一个是朱熹,另一个叫陆九渊。

朱熹自幼勤奋好学,博览群书,以后更是拜了许多著名学者为师,对于经、史、子、集各种经典都有深入的研究。他为《大学》、《中庸》、《论语》、《孟子》四部儒家典籍所作的注释更是简练精确,汇集各家之长,因而被后世奉为经典。他是北宋以来"理学"思想的集大成者。

陆九渊是"心学"的开创者,生前已有极大影响。他虽然比朱熹年轻许多,但少年气盛,十分自信,对理学一派的许多观念思想都进行了激烈批评。

两种不同的学派代表就这样相互争执、辩驳,通过书信来往和讲学讨论的方式,对许多哲学问题进行了讨论。但两人始终没见过面。

这一年,在另一个大学者吕祖谦的盛情邀请下,朱熹和陆九渊两人一起到了鹅湖书院,准备就一些问题当面磋商。

两个人一见面就开始热烈的辩论,特别是在治学的问题上,更是唇枪舌剑,互不相让。

朱熹说:"一个人要提高道德修养。就必须明白事理,因此应该先读书、学习。"

陆九渊不同意说:"一个人本来就在心中具有道德知识,因此重要的是自己的反省和修养,不然,书读得再多,也毫无用处。"

"不读书,就不会明白道理。道理不明白,拿什么来修养?"朱熹反驳说。

就这样,两人争论了很长时间,可是由于出发点不同,谁也无法说服对方。

但观点的对立并没有妨碍他们之间的合作和友情。他们彼此尊重,互相学习,取长补短。后来,朱熹在白鹿洞书院主持讲学,还热情地邀请陆九渊去讲学,并将他的讲义刻在石碑上。他们虽然有不同的学术观点,但为了教育这一共同事业,亲密合作,成为千古佳话。

人生箴言

为学须觉今是而昨非,日改月化,便是长进。

——朱熹《朱子语类》卷八。

成长启示

做学问必须常常觉悟到今天比昨天有所进步,有所超越,日有所改,月有所变,就是有所长进。

左雄闻过谢周举

人们在一起合作时,最大的动力是互谅互让,最大的障碍是自私自利。自私自利不但表现为贪取小便宜,不考虑集体利益,也表现在听不得别人的批评,对自己的缺点文过饰非上,这样做最后只会导致合作的失败。

《孟子》中讲到孔子的弟子子路,不但十分勇敢,而且勇于承认自己的缺点错误。当别人批评他有什么做得不对时,他一点儿也不生气,还感到十分高兴,因为这让他对自己有了更好的认识,也使他能改正自己的缺点错误。古代还有许多人,像子路一样胸襟广阔,"闻过则喜",受到人们的普遍称赞。东汉时候的左雄就是个好例子。

开始,左雄官居尚书令。朝廷让他举荐人才,他经过深思熟虑,就推荐冀州刺史周举做尚书。后来左雄改任司隶校尉,又举荐一个叫冯直的人做将军。冯直有个毛病,爱贪小便宜,曾收受贿赂,坐过牢。周举知道了,就为这件事对左雄提出了弹劾。

左雄开始有点不舒服,心想,周举能做到尚书,还不是得力于我当初的举荐,如今却一点儿不给我留情面,就气忿忿地对周举说:"朝廷的诏书说的是让我选刚强勇敢的人,又不是让我选清廉高洁的人。"周举:"说得对,可是诏书里面说的是要你推荐刚强勇敢的人,不是让您选贪污受贿的人!"左雄生气了,就说:"真没想到,我推举了您,却正好是自己害了自己。"周举说:"古时候赵宣子让韩厥做司马,韩厥按军法杀了赵宣子的仆人。赵宣子不但不生气,还对同朝的各位大夫说:'你们应该祝贺我,我选了一个叫韩厥的人,十分称职。'如今您不嫌弃我周举,让我在朝中任职,我又怎敢曲意逢迎您,让您为此蒙羞呢? 我真没想到您的想法与赵宣子的想法是如此不同!"

左雄听了,转怒为喜,向周举道歉说:"我选冯直,是因为自己以前在冯直父亲属下做事,又和冯直关系很好。如今您参劾我,这的确是我的过失!"

人们在听说了这件事后,更加尊重左雄了。

人生箴言

欲穷千里目,更上一层楼。

——王之涣《登鹳雀楼》。

成长启示

要想看到更远的地方,必须登上更高的一层楼。

邹忌巧劝齐威王

邹忌是战国时候齐威王的相国,他多才多艺,十分聪明,总是极巧妙地将事情做得妥妥当当的。

据说,邹忌还是个美男子,他身高八尺有余,相貌堂堂,英俊潇洒。一天早上邹忌起来照镜子,只见镜中的自己衣冠楚楚,神采隽朗,不觉十分得意。突然他想起一件事来,便问妻子:"我和城北的徐公相比,谁长得更漂亮些?"他的妻子不假思索地回答说:"夫君您长得多漂亮啊,徐公哪儿能跟您比?"城北徐公是齐国出了名的美男子,邹忌虽然自信生得好看,但说自己比起徐公来更漂亮,不觉有点怀疑。于是又去问他的小妾,看她认为二人中谁更漂亮,小妾回答的与邹忌妻子的话一样。

这天上午,邹忌家来了一位客人。两个人坐在一起聊天,邹忌又想起了这件事,便问这位客人说:"你看,我与徐公比起来哪个漂亮些?"这位客人回答得很肯定:"徐公当然不如您漂亮了。"

第二天,徐公来邹忌家拜访,邹忌仔细地悄悄比较了一下,自感不如徐公漂亮。他拿来镜子照照自己的相貌,又感到简直差远了。这天晚上,他躺在床上反复琢磨这件事,为什么自己比不上徐公,却有这么多人说自己漂亮。后来他终于想通了:我妻子之所以认为我比徐公漂亮,是因为她偏爱我;我的小妾也说我漂亮,是因为她怕我;我的客人之所以这么说,则是因为他有求于我。如果我相信了他们的话,岂不是在受极大的蒙蔽吗?

第二天一早，邹忌便去上朝，说了这件事。继而指出："齐国如今方圆千里，有一百二十余座城池。大王身边的嫔妃侍臣们，没人不偏爱您；朝中的大臣们，个个都害怕大王的威严；全国上下没人不想从大王这里求得好处。这样看来，大王受的蒙蔽一定非常多。"

齐威王是一个贤明宽厚，善于听取他人意见的君主。他认为邹忌说得很对，便下令全国上下，自由发表对朝政的意见，对于好的意见，还要进行奖励。这一下，每天进谏的人如同赶集一样。齐国政治开明，国势蒸蒸日上，当时的大国如燕、赵、韩、魏都来朝见。齐国君臣团结合作取得了极大的成功，后人称赞他们是在国家内部获得了对其他国家的胜利。

人生箴言

善言古者必有节于今，善言天者必有征于人。
——《荀子·性恶》。

成长启示

善于谈论古代的人必然要在现今寻找依据，善于谈论天道的人必然要在人事上寻找证明。

晏婴谦以下人

无论在什么情况下,合作的一个重要条件就是双方的谦虚忍让,相互敬重。春秋时期齐国丞相晏婴就是一个极谦虚的人,他的许多事迹也常常被人们传颂。

晏婴,后人通常称他为晏子。他身材矮小,还不到六尺高,但人却十分聪明,在他辅佐齐景公期间,齐国人民上下一心,国家蒸蒸日上。当时的几个强国,如晋国、楚国都不敢轻视齐国。但晏子虽然功勋卓著,为人却十分谦虚,大家都看在眼里,对他十分敬佩。

一次,晏子乘车外出。他的车夫驾着豪华的马车,赶着那四匹高头大马,趾高气扬,十分神气。那车夫的妻子看见了,就责备车夫说:"晏丞相名满天下,但从来不为此洋洋自得,而总是待人十分谦和。你只不过给人赶车罢了,就如此狂妄,我还是离开你吧。"车夫听了妻子的话,觉得说中了自己的弱点,从此也变得谦虚谨慎了。

晏子在生活上也非常知足,他一直坚决拒绝朝廷给的赏赐。比如齐景公觉得丞相住的房子太过简陋,一心想替他改建,晏子总不同意。一次,他奉命出使到晋国去,齐景公赶忙派人扩建晏子的住宅,为此把他邻居的房子也拆了。等晏子回来,房子已经盖好。齐景公想,这次丞相总没借口推辞了吧。不料晏子先是上朝拜谢了齐景公,然后就命人把新宅拆掉,重新按原貌修复了邻居的房子,请他们仍旧搬回来住。正因此,他与邻里们相处得十分融洽。

据说有一次,他出使到晋国,途经中牟,遇见一个叫做越石父的人,此人因事被关押了起来。晏子知道这个人十分贤能,就把他赎了出来,并且带他回到了齐国。到家的时候,晏子兴冲冲地去见家人,忘了和越石父招呼一声就自己进门了。这让越石父十分恼怒,觉得他这样做太没礼貌,分明是看不起自己,就提出要和晏子绝交。晏子知道原因后,就真诚地给他道歉,按贵宾的礼节招待他。

晏子从不为自己的功劳而骄傲,他还常说:"我并不是和别人有什么不同,只是不停地努力,从不放弃,辛勤工作,不敢懈怠而已。"正因为他的谦虚诚恳,人们提起他来,都十分佩服。

人生箴言

君子强学而力行。

——杨雄《法言·修身》。

成长启示

有道德的人勉励自己学习并且努力去行动。

陶侃信守遗训

陶侃是东晋的大将军，为人很讲信义。

他做荆州刺史时，曾在武昌宴请殷浩、庾翼等几个名士，吟诗作赋，讲谈学问，大家志趣相投，玩得好不开心。酒过三巡，菜过五味，殷浩举杯说为陶侃平定叛乱敬酒。陶侃答谢后便将杯酒一饮而尽。随后，庾翼也举起杯为陶侃上次平定苏峻的叛乱而敬酒。

苏峻曾是东晋的将军，他不满晋成帝顾命大臣庾亮削减他的兵权，起兵造反，将朝廷所在的建康"台城"攻占，年纪尚幼的皇帝被挟持到军事重地石头城。陶侃临危受命，率领六万大军从武昌城浩浩荡荡沿江而下，将石头城团团包围，擒杀了苏峻，解救了晋成帝。陶侃在这次平叛中功劳卓著，是一件值得高兴的事。按说，当庾翼祝酒时，陶侃应该高高兴兴地饮下这杯酒才是，不料陶侃声称自己酒已足，再不能饮。

殷浩建议说："今天大家高兴，将军应开怀畅饮！"

没想到一向驰骋疆场的大将陶侃却一下子泪流满面，哽咽地说出了其家母生前的规定：每次饮酒，三杯为限，并说自己不能违背先母的禁约。

接着，他回忆了青年时代的一段往事。陶侃的父亲陶丹本是三国时孙吴的名将，但不幸早逝。陶侃小时家境贫穷，全靠母亲纺纱织布维持生计，后来他当上了浔阳县城一名小小的"鱼梁吏"。

人生箴言

实事求是。

——《汉书·河间献王刘德传》。

成长启示

从客观事实中去研究,得出规律。

"诗仙"拜师"砍柴翁"

天刚朦朦亮,歙县县城就热闹起来了。今天是阴历八月十二,再过三天,就是中秋节。街市上,挑柴的、担菜的、轰猪的、赶羊的,人来车往,熙熙攘攘。

在县城的西南边,有一条小河穿城而过。河上架着一座拱形石桥,桥边一幢酒楼居高临下,黄色的酒幌垂挂在飞檐上,随风舒卷。

楼内静悄悄的,酒客寥寥无几。在靠近窗口的一张桌前,坐着一个人。他身穿锦红官服,面庞清瘦,剑眉下一双凤眼潇洒飘逸。酒、茶都摆在桌上,但一点没动。他迷惘地望着河面出神,显得心不在焉。

他就是李白,就是被人称为"诗仙"的唐代大诗人李白。李白不是被唐玄宗召到宫里做官去了吗?怎么又一个人流落到此来喝闷酒呢?

李白正在出神,突然一阵喧哗声把他惊醒。只听楼下先是一阵爽朗开怀的大笑,接着又高声吟诵:"负薪朝出卖,沽酒日西归,借问家何处?穿云入翠微。"李白的心里咯噔一下。这淳朴而又动人的诗句,这超脱而淡泊的情怀使李白那纷乱的心绪立刻安静下来。他心想,这穷乡僻壤,怎么会有这么脱俗的高士?如果与他结交,定会成为知己的。

李白向伙计招招手,伙计以为要添酒,提着酒壶就过来了。正要倒,李白说:"慢,你快告诉我,刚才在楼下吟诗的是谁? 他住在什么地方?"

伙计说:"那个老头叫许宣平,听说原来是做官的,后来不知发什么疯,弃官不做,跑到这深山里打柴来了。每天天一亮,他就进城卖柴,卖柴得了钱就买酒,喝醉了酒便吟诗,走一路吟一路。至于他的家,谁也不知在哪儿,只是他总在山里打柴,想必也在山里吧。"

李白听到这里,便心里明白了,这许宣平一定也是个官场不如意,看破红尘的人。李白想到自己的不得志,想到满心的愁闷,恨不得立刻找许宣平,向他讨教一番,学习诗艺,也学习为人处世。

李白结了酒账,走到楼下,只见老人已经走了。他追出门外,见到老人腰中掖着酒葫芦,肩上扛着竹扁担,走上了小桥。李白大声喊道:"许先生,请留步。"许宣平回头看了看,扭头疾步向前走去。李白边叫边急步追赶,老人飘然若仙,不一会儿就无影无踪了。

没有追上许宣平,李白非常遗憾。

李白垂头丧气地回到酒楼。伙计见了,就给他出主意说:"这老头每天都来卖柴,您何不到柴行门口等他。"李白觉得这倒是个好办法,也就心平气顺了。

第二天一早,李白来到柴行门口等候许宣平,没想到许宣平没来。第二天又等,许宣平还是没来。一连四天,李白天天空等。李白求师心切,决定进山寻找。

李白背着干粮,翻山越岭,一连走了一个月,也没见到许宣平的踪影,他真有些泄气了,但想到"只要功夫深,铁杵磨成针",就咬咬牙,继续前进。

这一天,他走到了紫阳山下,见山前立一大石,石上龙飞凤舞地刻着:

> 隐居三十载,筑室南山巅。静夜玩明月,闲朝饮碧泉。
>
> 樵夫歌垄上,谷鸟戏岩前,乐矣不知老,却忘甲子年。

李白连声叫道:"妙哉,真是仙人之声呀!"李白写诗三十年,还是头一次读到这样恬淡自然、充满野趣的诗。他料定这诗是许宣平写的,更加坚定了寻找许宣平,拜许宣平为师的决心。

李白又向前走,见到崖前平地上有一堆稻谷,心想,这肯定是许宣平的,就坐在崖下等候,不知不觉就睡着了。突然一阵击水声将他惊醒。他顺着水声望去,只见夜幕中,一位须发飘飘的老人正立在船头。李白大声叫道:"喂,老人家,请问许宣平老先生家住何处?"

来人正是许宣平。那天在镇上卖柴,他见身穿官服的李白追赶自己,以为又是朝廷找他去做官,便再也不去镇上卖柴了。没想到,这人又追到了这儿,便反问道:"你是何人? 找许宣平有何事?"

李白回答说:"我是李白,找许先生是为了拜他为师,向他学习诗艺呀!"

许宣平一听大吃一惊,没想到这风尘仆仆、满脸汗水的人竟是天下闻名的诗仙李白,可他表面还是不动声色,说道:"你太客气了,如果说你是诗海,我仅是一滴水,海怎能求教于水滴呢? 不敢当呀!"说完撑船便走。

　　李白急忙抢步上前,说道:"老人家,学生为寻找您,已经在这深山野岭中转了一个月,难道您就用这一句话把我打发了不成?"

　　李白的真诚话语,打动了许宣平的心,他请李白上船,向河心划去。

　　月色之下,波光荡漾,船行悠悠。许宣平问李白:"你身穿官服,怎么不在朝廷理事,却四处云游?"一句话点到了李白的伤心事,他便把自己的经历告诉了许宣平。

　　原来,天宝元年,李白由贺知章推荐,靠一首《乌夜啼》被唐玄宗赏识,下诏宣他进京。李白满怀抱负,以为此番定能做成大事业。哪知到了长安以后,唐玄宗并没有让他做理事的官,只是任命他当翰林供奉,专门为皇帝作应制诗。李白虽然失望,但想到有俸禄,可以买酒喝,也就勉强留下了。但他为人不拘小节,又得罪了皇帝以及杨国忠和高力士这两个炙手可热的人物。高力士和杨国忠都是心胸狭窄的势利小人,对李白怀恨在心,伺机报复。只要有机会就在唐玄宗和杨贵妃面前说李白的坏话,使得李白渐渐被玄宗疏远,最后被打发出长安。

　　李白也通过这事,知道了所谓御前供奉不过同梨园子弟一样,是供帝王权贵消烦解闷的仆人,自己很信赖的玄宗也黑白不分,便心灰意冷,到各地漫游,寄情于山水之中。

　　许宣平听了李白的讲述,恳切地说:"'亡羊补牢,犹未晚也。'且不说你对朝廷的希望是不是幻想,你这样才华横溢的诗人,到了宫里还不是受制于人,成了网中之雀,笼中之虎吗?古人说,诗言志,在宫廷中去应制作些风花雪月、歌功颂德的诗还能言什么志?不言志又能写出什么好诗?与其如此,还不如像老夫一样返璞归真,避开尘俗之扰,倒图得内心的清净,写出别有一番情趣的诗。"说着解下腰中的酒葫芦,递给李白。李白二话没说接过来一饮而尽,说道:"谢老师的指点,学生听您一席话,胜读十年书呀。"

从此,在这紫阳山中,李白与许宣平形影不离,常见他们二人同斟共饮,畅谈人生,切磋诗艺。

人生箴言

> 临溪羡鱼,不如返而结网。
>
> ——《汉书·董仲舒传》。

成长启示

> 站在深潭边上希望得到里面的鱼,还不如回去赶快编织渔网。

华佗虚心求教

华佗是汉代著名医学家。他精通内、外、妇、儿、针灸各科，对外科尤为擅长。华佗成了名医以后，来找他看病的人很多。

一天，来了一个年轻人，请华佗给他看病。华佗看了看说："你得的是头风病，药倒是有，只是没有药引子。"

"得用什么药作药引子呢？"

"生人脑子。"病人一听，吓了一跳，上哪去找生人脑子呢？只好失望地回家了。

过了些日子，这个年轻人又找了位老医生，老医生问他："你找人看过吗？"

"我找华佗看过，他说要生人脑子作药引子，我没办法，只好不治了。"

老医生哈哈大笑，说："用不着找生人脑子，去找十个旧草帽，煎汤喝就行了。记住，一定要找人们带过多年的草帽才顶事。"

年轻人照着去做，果然药到病除。

有一天，华佗又碰到这个年轻人，见他生龙活虎一般，不像有病的样子。于是就问："你的头风病好啦？"

"是啊，多亏一位老先生给治好了。"

华佗详细地打听了治疗经过，非常敬佩那位老医生。他想向老医生请教，把他的经验学来。他知道，如果老医生知道他是华佗，肯定不会收他为徒。于是，他装扮成一名普通人的模样，跟那位医生学了三年徒。

一天,老师外出了,华佗同师弟在家里煎药。门外来了一位肚子像笋、腿粗像斗的病人。病人听说这儿有名医,便跑来求治。

老师不在家,徒弟不敢随便接待,就叫病人改天再来。病人苦苦哀求道:"求求先生,给我治一下吧!我家离这儿很远,来一趟不容易。"

这时,华佗见病人病得很重,不能迟延,就说:"我来给你治。"说着,拿出二两砒霜交给病人说:"这是二两砒霜。分两次吃。可不能一次全吃了啊!"

病人接药,连声感谢。

病人走后,师弟埋怨道:"砒霜是毒药,吃死了人怎么办?"

"这人得的是臌胀病,必须以毒攻毒。"

"治死了谁担当得起?"

华佗笑着说:"不会的,出了事我担着。"

那个大肚子病人拿药出了村外,正巧碰上老医生回来了,病人便走上前求治。老医生一看,说道:"你这病容易治,买二两砒霜,分两次吃,一次吃有危险,快回去吧!"

病人一听,说:"二两砒霜,你徒弟拿给我了,他叫我分两次吃。"

老医生接过药一看,果然上面写得清楚,心想:"我这个验方除了护国寺老道人和华佗,还有谁知道呢?我没有传给徒弟呀?"

回到家里,问两个徒弟:"刚才大肚子病人的药是谁开的?"师弟指着华佗说:"是师兄。我说这药有毒,他不听,逞能。"

华佗不慌不忙地说:"师傅,这病人得的是臌胀病,用砒霜以毒攻毒,病人吃了有益无害。"

"这是谁告诉你的?"

"护国寺老道人,我在那儿学了几年。"

老医生这才明白过来,他就是华佗,连忙说:"华佗啊! 你怎么到我这儿来当学徒啊!"

华佗只好说出求学的理由。

老医生听完华佗的话,一把抓住他的手说:"你已经名声远扬了,还到我这穷乡僻壤来吃苦,真对不起你呀!"

老医生当即把治头风病的单方告诉了华佗。

人生箴言

名必有实,事必有动。

——苟悦《申鉴·俗嫌》。

成长启示

名声必须有事实与之相配,做事情必须有结果来证实。

孔子不懂不装懂

孔子,名丘,我国春秋末期著名的大思想家和教育家,儒家学派的创始人。

孔子从少年时代起,就非常勤奋好学。依靠自己的苦学、善问和勤于考察,获得了广博的知识,在思想上自成一派,在治国、教育等方面都有独到的见解。

孔子提出的以"仁"为中心的儒家学说,自汉武帝起就成为封建思想的正统,影响深远。历代封建王朝为了自己统治上的需要,把他加以神化,尊为圣人,认为没有孔子不懂的问题。

其实,孔子是一位很诚实、谦虚的人,而非无事不晓的神。他教导学生要树立"知之为知之,不知为不知"的求学态度。他从不满足,虚心向别人求教。他有一句名言——"三人行,则必有我师",意在勉励自己和学生要虚心向别人求教,绝不能不懂装懂,自欺欺人。

一次,孔子和他的学生离开鲁国到齐国去,路上遇到两个小孩在比手划脚地争论问题。两小儿互不相让,争得面红耳赤,辩论得十分激烈。

孔子觉得很有趣,就走过去询问两个孩子:

"你们在争论什么?"

两个小孩子正争得激烈,他们只瞥了孔子一眼,没顾上答话,又继续争论起来。

孔子的学生子路生气了。他大声喝道：

"你们两个毛孩子，真没有礼貌，孔老夫子问你们话呢？还不快回答！"

两小儿一听，立刻停止了辩论，对孔子说：

"噢，原来你就是有名的孔老夫子，听说你很有学问，好吧，就请你来给我们评判一下对错吧！"

高一点的孩子说：

"我们在争论太阳什么时候离我们近，什么时候离我们远呢。我说早上近，正午远，因为早上的太阳又大又圆，可到了中午，太阳就变得像一个小圆盘。谁都知道同一个物体近的时候看着大，远的时候看着小的道理。可他偏说正午太阳离我们近……"

矮一点的孩子不等他说完，就抢着说：

"不对，他说的不对！早上太阳凉飕飕的，一点也不热，可正午的太阳热得像开水一样烫人，这不正说明早上太阳离我们远，正午太阳离我们近吗？"

说完，两个孩子一齐看着孔子，等着他来裁决。孔子思考了老半天，觉得他俩说的都有道理，自己实在说不清谁对谁错，就老老实实地承认说：

"这个问题我也搞不清楚，等我请教了更有学问的人后再来答复你们吧！"

"人家都说你是个大学问家，原来你也有搞不明白的问题呀！"两个孩子说完笑着跑开了。

孔夫子望着两小儿远去的背影，十分感慨地说：

"学无止境啊！"

人生箴言

操千曲而后晓声,观千剑而后识器。

——刘勰《文心雕龙·知音》。

成长启示

练习一千支乐曲之后才能懂得音乐,观察过一千柄剑之后才知道如何识别剑器。

季札让国

　　季札是周朝吴国人，因受封于延陵一代，又称"延陵季子"。他的祖先是周朝的泰伯，曾经被孔子赞美为"至德"之人。泰伯本是周朝王位继承人，但父亲太王，有意传位给幼子季历以及孙子昌。于是泰伯就主动把王位让了出来，自己则以采药为名，逃到荒芜的荆蛮之地，建立了吴国。

　　数代后，寿梦继承了吴国王位。他的四个儿子当中，以四子季札最有德行，所以寿梦一直有意要传位给他。季札的兄长也都特别疼爱他，认为季札的德行才干，最足以继承王位，所以都争相拥戴他即位。但是季札不肯受位，坚持把王位让给哥哥。

　　哥哥诸樊觉得，自己的德能远在季札之下，一心想把持国的重任托付给他，但被季札婉言谢绝了。他说："曹国之人想拥立贤能的子臧为国君，来取代无德的曹王，但被子臧所拒绝。为了坚守臣民应有的忠义，并打消国人拥立的念头，子臧离开曹国，奔走到了宋，使曹国的君主仍然得以在位执政。子臧谦恭无争的美德，被人们赞美为能'守节'的盛德之人。前贤的殷鉴历历在心，国君的尊位，哪里是我季札所希求的呢？虽然我无德，但祈求追比贤圣，则是念念在心啊。"

　　季札的厚德感动了吴国之人，他们如同众星拱月般，一心想要拥戴季札为王。不得已之下，季札退隐于山水之间，成日躬耕劳作，以表明他坚定的志节，才彻底打消了吴人的这个念头。

有一次，吴国派遣季札出使鲁国。到了鲁国，季札听到了蔚为大观的周乐。季札以深刻的感受力和卓绝的见识，透析了礼乐之教的深远蕴涵，以及周朝的盛衰之势，语惊四座，使众人为之侧目。听到《唐》，他听出了思接千载的陶唐氏遗风。听到《大雅》，他在乐曲深广的气魄里，听到了文王之德。当《魏》歌四起，那"大而宽，俭而易"的盟主之志，辉映着以德辅行的文德之教。一直到《招箭》舞起的时候，季札惊叹道："这是最令人叹为观止的至德乐章，就如同苍天无不覆盖，大地无不承载。就算是盛德之至，也是无以复加了。"

季札出使郑国之时，见到了子产。他们一见如故，就好像是多年的知心之交。季札对时局有着异常明晰的洞察力，临别前，他语重心长地对子产说："郑国的国君无德，在位不会很久，将来国主的王位，一定会传到你的手中。你统理郑国的时候，务必要谨慎，务必以礼来持国。否则郑国很难避免败亡的命运。"言之谆谆。当子产目送季札远去时，仍然觉得音犹在耳，心里不禁万分怅惘。

吴王诸樊一直到过世之前，都还念念不忘弟弟季札。他留下遗训，让后人将王位依次传给几位弟弟，这样最终就能传到幼弟季札的手里，以满先王寿梦生前的遗愿。继位的吴王夷昧临终前，要把王位传给季札，但被季札再一次拒绝了。为了表明自己坚定的决心，他再度归隐而去。

孔子曾经说过："泰伯其可谓至德也已矣，三以天下让，民无得而称焉。"司马迁赞美季札是一位"见微而知清浊"的仁德之人。贤者的谦恭礼让、非凡气宇和远见卓识，一直在中国历史的长空中，闪耀不绝。

人生箴言

纸上得来终觉浅,绝知此事要躬行。

——陆游《冬夜读书示子聿》。

成长启示

　　古人做学问不遗余力,年少时努力学习到老方有所成就。从书本上学到的东西总感觉浅近,要想真正弄懂还要靠自己亲身实践。

孔子拜小童为师

最初提出"不耻下问"的是孔子。孔子的学问非常渊博,因为他总是在学习。颗粒饱满的谷穗总是虚心地下垂着,而那没有灌浆的谷穗却总是直立起来而不在乎丢人现眼。

孔子,名丘,字仲尼,春秋末鲁国陬邑(山东曲阜东南)人,开私人办学之先河,为中国古代大教育家、思想家。

孔子和老子是同时代的人,年龄要比老子小20岁。

孔子的祖先是宋国贵族,到了他父辈叔梁纥时,家道早已中落。父早亡,孔子与母亲颜徵在相依为命。他在鲁国做过会计,管过畜牧,据说还当过吹鼓手。

孔子长大成人后,身高八尺,力大可擎起城门,又喜欢学习周礼,为此还专门去洛阳向老子请教,可以说是文武双全的人了。

孔子30多岁开始收徒,50岁时,由鲁国中都宰(相当于县令)提升为司寇(管刑罚的长官)。由于他在司寇任上要毁坏鲁国最有势力的季孙、叔孙、孟孙三位大夫的都城(郈、费、成),结果失败。于是,55岁的孔子便带着一些学生风尘仆仆地奔走于宋、卫、陈、蔡、齐、楚等国,以求得到任用,结果无功而返。

孔子68岁时回到鲁国,广收徒弟至3千人,贤者72人。在致力于教育的同时,整理了《诗经》、《尚书》等古代文献,删修了鲁国史官所记的《春秋》。孔子做学问,多是编写性的,没有专著,这就是他所说的"君子述而不作"。述就是编,作是著。

孔子学说的中心是"忠恕仁爱",具体化了就是"己所不欲,勿施于人";"己欲立而立人,己欲达而达人"。行"仁"政,就是恢复周公制定的"周礼",以此维护贵族等级秩序,以挽救春秋时期出现的"礼崩乐坏"的混乱局面。

孔子的为人是"学而不厌,诲人不倦"。他晚年学《易》翻书,曾经把穿竹简用的牛皮绳子翻断了3次。

孔子为人还有一个特点,那就是不耻下问。

有一次,孔子在鲁国时率弟子乘车出游,半路上碰见一个小孩在路中间用瓦片垒城玩。眼看车到跟前,小孩儿还在垒城,对这伙人不理不睬。孔子生气了,责备道:"车来了,你不晓得避一避吗?"

小儿回答说:"自古及今,只听说车避城,没有听说城避车的!"顺手指了指垒起的"城"。

"说的有理。我得下去学习一些道理。"孔子把车停在路边,下车和小孩攀谈。

"你叫什么名字?"

"姓项名橐,无字。"

"几岁了?"

"8岁。"

"你知道什么火无烟?什么水无鱼?什么山无石?什么树无枝?什么人无妇?什么女无夫?什么牛无犊?什么马无驹?什么雄无雌?什么雌无雄?什么为君子?什么为小人?什么为不足?什么为有余?什么城无市?什么人无字?"孔子问。

项橐答道:"萤火无烟,井水无鱼,土山无石,枯树无枝,仙人无妇,玉女无夫,土牛无犊,木马无驹,孤雄无雌,孤雌无雄,贤为君子,愚为小人,冬日不足,夏日有余,皇城无市,小儿无字。"

项橐道:"我能请教夫子几个问题吗?"

"说吧。"孔子很大方。

"鹅鸭为什么能浮?鸿雁为什么能鸣?松柏为什么冬青?"

孔子说:"鹅鸭能浮,是因为足方;鸿雁能鸣,是因为颈长;松柏冬青,是因为心坚。"

项橐道:"不对。鱼鳖也能浮,足却不方;蛤蟆也能鸣,颈却不长;绿竹冬青,内心却空。"

孔子无言以对。

项橐又问:"天上星星有几颗?"

孔子说:"适才是问地,何必谈天。"

"那么地上碌碌有几间屋子?"

"且论眼前事,不要谈天说地了。"

"若论眼前事,眉毛有几根?"

孔子笑而不能答,叹道:"后生可畏。"

此后,孔子更加虚心问道了,他说:"三人行,必有我师焉。"而孔子的学识也更加与日俱增了。

人生箴言

谦谦君子,用涉大川。

——《周易·谦》。

做/优秀/的/自己

🕊 **成长启示**

> 只有特别谦虚,加倍小心的君子才能渡过大江大河。

🍃 陈平周勃谦恭让相 🍃

公元前 119 年,汉高祖刘邦的儿子刘恒在开国老臣陈平、周勃的支持帮助下,粉碎了诸吕篡汉的阴谋,登基做了皇帝,称汉文帝。

第一天早朝,汉文帝端坐宝座,心中非常高兴。但环视群臣后,却未见丞相陈平到朝,连忙问道:

"陈平因何未到?"

太尉周勃连忙站出来回答说:

"陈平丞相有病卧床,不能早朝叩见皇上,请皇上见谅!"

汉文帝心中暗自纳闷:昨日登基大典,陈平兴高采烈,未见病容,今天为何突然生病,卧床不起?退朝之后,汉文帝心想,陈平是汉朝开国老臣,这次铲除诸吕中又立下了汗马功劳,既然病在家,我应当过去探视才对。于是文帝轻车简从,来到了陈家。陈平一见皇帝亲自来家中探病,连忙下床行跪拜之礼。汉文帝赶忙扶起陈平说:

"您和我父亲情同兄弟,又是汉室老臣,我看您如同父辈。您有病在身,一定要及时请医生治疗,千万不能耽误。"

一席话,情深意切,陈平感动得热泪盈眶,连忙跪倒在地,说道：

"老臣罪该万死，实在愧对皇上的仁慈之心。我并没有什么大病，只不过想托病隐退，将丞相的位置让给太尉周勃。"

文帝一听，恍然大悟。原来，在铲除诸吕的过程中，周勃配合陈平，说服皇宫禁卫军，立下了卓越功勋。陈平自觉功劳不及周勃，故想让相位给周勃，又怕周勃不接受，故托病不朝，让文帝下决心让周勃担任丞相。

文帝见陈平如此谦虚、礼让，就命周勃担任右丞相，权位才尊列于第一，陈平降为左丞相，权位列于第二。

过了不久，汉文帝已经更加熟悉了国家的事务。在一次早朝中，他问右丞相周勃说：

"天下一年判决的诉讼案有多少种？"

周勃连忙谢罪回答不知。

又问："天下一年金钱和谷物的收支各有多少？"

周勃又说不知道，而且紧张得汗流浃背，不知所措。

文帝又问左丞相陈平，陈平答道：

"这些事都有主管官吏。"

"主管官吏是谁？"

"皇上如问审判案件可问廷尉，如问钱谷收支可问治粟内史。"

"假如各事都有主管官吏，要丞相做什么？"

"丞相的主要职责是对下统领百官，对上辅佐皇帝。"

文帝听了，连声称赞。

周勃见陈平回答得有条不紊，心中十分惭愧。他自知自己虽然在铲除诸吕的过程中立下了大功，但处理国家事务的才能确实不如陈平。如果真正从国家利益考虑,自己应当把丞相的尊位让给陈平。

过了不久,周勃也假称有病,向汉文帝提出了辞去右丞相职位的请求。文帝知道周勃也是托病谦让相位,十分理解这位开国元勋的心情,便同意了周勃的辞呈,让陈平担任了唯一的丞相。

陈平、周勃二人,不居功自傲,在尊位面前谦恭礼让的故事,在中华民族传统美德的史册中,留下了光辉的一章。

人生箴言

> 天地有大美而不言。
>
> ——《庄子·知北游》。

成长启示

大自然能够生养万物,可以说具有伟大的功德,但是它却沉默不语,从不自夸。

冯异大树避功

东汉时期,有个开国元勋,名叫冯异,人称"大树将军"。说起这个绰号的来历,倒有一段谦恭礼让的佳话。

冯异,颖川父城县(今河南宝丰县东)人,自幼喜读兵书,通晓军法,原为王莽新朝的掾,驻守父城。东汉光武帝刘秀举兵反莽之后,冯异见刘秀所率军队纪律严明,秋毫无犯,故大开父城县门,率领部下投到了刘秀的军中。因此,很受刘秀器重。

后来,刘秀到河北饶阳平定"王郎之乱",遇到相当大的困难。在困难的形势下,许多部下离开刘秀,另谋高就。但冯异却留了下来,和刘秀同甘苦,共患难,亲自为刘秀煮粥解饥,生火烤衣。刘秀见冯异在困难中依然这样对待自己,感慨地对他说:

"疾风知劲草,危难见真情,原先跟我起兵的人,走得一个都不剩了。你有一身好武艺,又通晓兵法,是个文武双全的将领,你也赶快走吧,别再跟着我吃苦了。"

冯异流着眼泪表示:

"做人要讲义气,襟怀坦荡,如若背信弃义,见危思走,则不算大丈夫! 即使日子再难过,我也不会离您半步!"

刘秀听了十分感动。

河北"王郎之乱"平定后,刘秀封冯异做了应侯。冯异做了应侯之后,为人谦虚礼让,从不夸耀自己。在路上与诸将相遇,总是停下车子,让开道路,让其他将领先行。

这天，众将们聚在一起，评功摆好，个个都认为自己功劳最大，应当受到厚赏，并为此争得不可开交。只有冯异一人，远远地坐在一棵大树下，静静地阅读《左氏春秋》。有人跑过来找他，要他回屋参加评功，他回答说：

"屋里空气闷热，大树底下好乘凉哩。我没有什么功劳，你们怎么评，我都领了。"

说罢，又低下来继续读书。结果，头等功、二等功都没有他的份，仅仅给了他一个三等功。朋友王霸听说之后，为他愤愤不平，埋怨他那天只顾在大树下埋头读书，不去参加评功。冯异听了只是淡淡一笑置之，军中其他将领见冯异军功赫赫却不争功，更不夸耀自己，都十分钦佩他谦恭大度的品行，亲切地喊起他"大树将军"。

过了不久，刘秀又命冯异率部抵抗匈奴，抗击朱鲔、李轶的叛兵，冯异都出色地完成了任务。刘秀称帝之后，又命他平定关中。冯异接受命令后，率兵西进，所到之处，军纪严明，广布威信，很快将关中上林苑一带治理得井井有条。然而，在这期间，只要评功论赏，冯异总是借故离开，也从不在光武帝刘秀面前炫耀自己。于是，满朝文武愈加钦佩冯异的品行，众口一辞地称赞他为名副其实的"大树将军"。

此后，冯异又奉命转战南北，身经百战，屡建奇功，最后病逝在军中。他虽然死了，但"大树将军"的美称却传了下来。后来，人们把"大树避功"作为一个典故，称赞那些功高不居，在荣誉面前谦虚、礼让的将领。

人生箴言

江海所以能为百谷王者,以其善下之。

——《老子》第六十六章。

成长启示

众多的小溪流都流向了江海,就是因为江海善于处在百川的下游。

黄鹤楼上不题诗

　　唐朝伟大的浪漫主义诗人李白,一生豪放不羁,在帝王权贵面前,呈现出了铮铮傲骨,然而在贤人佳作面前,却显示出谦恭好学的美德。

　　这年,李白在遭受权臣们的谗毁之后,离开长安,辞亲远游,来到了武昌黄鹤楼。

　　黄鹤楼雄踞蛇山,俯瞰长江,楼台错落,回栏环绕,楼顶金碧辉煌,飞檐凌空翘起。临楼眺望,远山苍苍,江涛滚滚,气势非凡。传说古时有仙人在此骑黄鹤升天。美丽的神话传说更使这座名楼增添了迷人的色彩。文人名士来到武昌,必到黄鹤楼登临远眺,吟诗作赋。

　　李白来到楼前,早就被一群慕名而来的诗友围住嘘寒问暖。寒暄一阵之后,李白在众人的簇拥下,迈着矫健的脚步,拾级而上,兴致勃勃地登上了黄鹤楼。在最高层,他凭栏远眺,极目千里,只见远处江湖烟波浩渺,对岸汉阳绿树历历,江中鹦鹉洲上芳草萋萋,一幅壮美的山川图映现在眼前。李白看到这里,诗兴勃发,连呼"拿笔,拿笔!"

　　诗友们一看诗名满长安的诗人李白诗情陡涨,要为这座千古名楼留下名句佳作,自然十分高兴,连忙拿来笔墨,让李白在黄鹤楼墙壁上淋漓酣畅地挥毫题诗。

　　李白卷起袖子,紧握毛笔,正准备在墙上找个合适的地方抒发

自己的胸臆,突然,他眼前一亮,看到了一首崔颢的诗作:

> 昔人已乘黄鹤去,此地空余黄鹤楼。
> 黄鹤一去不复返,白云千载空悠悠。
> 晴川历历汉阳树,芳草萋萋鹦鹉洲。
> 日暮乡关何处是,烟波江上使人愁。

李白吟哦数遍,感到这首诗意境超俗,文笔优美。自己的诗句与之相比,自愧弗如。因此,已经饱蘸浓墨的笔,慢慢地放了下来。

众诗友一见李白诗兴锐减,大惑不解,忙问李白,为何放下笔来。李白向众诗友深深一揖说:

"墙上已有好诗,李白不敢再写。"

众人忙说:

"那是崔颢的戏作,怎么能同您相比,万望大诗人为名楼留下名作!"

李白慢慢地摇了摇头,说:

"不!你们说得不对。崔颢这首诗,确实是千古佳作,开头四句,用优美的神话传说追述黄鹤楼的历史由来,后四句记述了黄鹤楼的景色壮丽,全诗有景有情,有虚有实,有典故,有佳句,确实落笔不凡,诗情浓郁,是大手笔写的好诗篇!"

众诗友听李白这么一讲,再仔细一读墙上崔颢的诗,确实是好诗。但还是央求李白也题一首,留个纪念。

李白见此情景,只好连连拱手,谦恭地说道:

"眼前有景道不得,崔颢题诗在上头。"

　　说罢又向众人深深一揖。

　　众人见李白盛名之下，如此谦虚，更增添了对李白的敬重。

人生箴言

> 守之以谦，必受之以益。
>
> ——范仲淹《范文正公别集》卷三。

成长启示

　　如果具备了谦虚的品格，那么一定会从中受益。

李相不耻下问

唐朝有位将军,名叫李相,他虽然是位行伍出身的武将,却谦恭好学,常在戎马倥偬之中,博览史书,很受部下的敬佩。

在李相所读的史书中,他最喜欢的还是孔子的《春秋》,可以说是百读不厌,而且读到精彩处,常常朗朗有声。

在《春秋》这部书中,有一段记载着鲁国大夫叔孙婼的故事。李相读到此处,总将这个"婼"字读成"若"音。身边掌管文书的小吏一听李相读错字音,总是微微摇头,脸上表现出遗憾的样子。时间一久,李相感到十分奇怪。这天,李相把小吏叫到身边,谦和地问道:

"你也常读《春秋》吗?"

小吏见李相问他,连忙毕恭毕敬地答道:

"是的,大人。"

"为什么每当我读到叔孙婼时,你都摇头呢?"李相又问。

小吏见李相表情严肃地问他,心中很是不安,连忙跪倒在地,小心翼翼地答道:

"小人小时曾从蒙师学习《春秋》,老师将"婼"教成"绰"音,今听大人念成"若"音,才知老师教给我的是错的。"

李相一听,心里猛地一沉,连忙说:

"我从未受老师教习《春秋》,全靠自学,将这个"婼"字读成"若"音,是依据陆德明所著《经典释义》一书的语音读的,可能是我读错了。"

说完,忙从书架上取出《经典释义》,翻出书中"婼"的语音,请小吏一起研读。小吏看了《经典释义》,发现李相把语音的字形看错了,便委婉地向李相解释了正确的读音。

李相听了小吏的解释,心中很为自己多年读错字尚不自知感到惭愧。忙把自己的金镂太师椅放到北墙下,恭敬地请小吏上座。

小吏见李相如此,心中十分紧张,连忙推却说:"这是大人的金座,小人不敢僭越。"

李相连忙用双手将小吏扶到太师椅上,然后整整衣冠,对着小吏躬身下拜。小吏见李相行此大礼,急得汗珠直冒。李相这时十分诚恳地说:

"我身居高位,都常读错字,幸亏您给我指出来,从现在起,您就是我的老师,如果发现我再读错音,一定帮我纠正。"

小吏见李相身为将军,却如此虚怀若谷,不耻下问,为一个字音对自己这样谦恭,心中十分钦佩和感动。从此之后,经常帮助李相读书。李相从这个部下身上,获得了许多教益。

人生箴言

自喜者不进,自大者去道远。
——程颢、程颐《二程集·河南程氏遗书》卷二十五。

成长启示

自以为是的人不会有进步,骄傲自大的人不会接近真理。

第二章
人无压力难成才

俗话说:"人要逼,马要骑"。所谓"逼",就是有一种压力感,有强烈的事业心和责任感。一个人的成才不外乎外在压力和内在压力两种。然而,许多人或多或少带有一点惰性,有外在压力的时候如此,缺少外在压力的情况下会更重。这时,必须善于变压力为动力,自己逼自己,自己给自己加压,这样才能激发活力,"压"出智慧,"压"出成果。追寻古今中外成才者的足迹,莫不如此。

也许有人会说,这些人天资聪慧超人,咱们难跟人家比。然而并非如此,古往今来的许多名人都是靠后天的"压力",靠远大的理想和抱负,靠埋头苦干、锲而不舍的奋斗精神,靠惜时如金的人生态度,通过不懈努力,才在并不理想的环境中,脱颖而出,成为有用之才的。他们的成功,也正应了孟子的那句名言:"天将降大任于斯人也,必先苦其心志,劳其筋骨,饿其体肤,空乏其身,行拂乱其所为,所以动心忍性,增益其所不能。"

从个人成才角度讲,"压力"也有着不容忽视的作用。在我们周围的许多人,对新的工作学习环境不熟,压力很大,这样就逼着他们在学习中更加努力,最后终于有所成就。

人活着就应该奋斗,奋斗就要有目标,而这目标就是一种无形的压力,无形胜似有形,它能在你成功的道路上助你一臂之力。朋友们,让压力伴着我们,发愤图强,顽强进取,争取早日成才!

不要总埋怨别人不理解你。名人,人们再怎么不理解他,他还是成了不朽的名人。

——读书札记

爱部将狄青让功

北宋时期,有位著名的大将名叫狄青。狄青不仅智勇双全,为宋朝屡建战功,而且谦恭待人,受到人们的尊敬与爱戴。

仁宗皇佑年间,属宋朝管辖的广元州(今越南高平省广渊)有个名叫侬智高的酋长起兵造反。他先攻陷邕州(今广西南宁),又围困广州。邻近州县纷纷告急,请求朝廷派兵解围,皇帝先派大将杨畋去征讨,吃了败仗,又派孙沔、余靖率兵前往,也觉得没有把握。在这种情况下,皇帝特授狄青为宣抚使,封征南大将军,统率孙沔、余靖两路兵马,南下平叛。

在这前方连连失利的情况下,狄青率部赶到广西。他看到士气低落,便首先借拜真武神庙的时机,用红漆铜钱祈祷,制造真武大帝保佑平叛旗开得胜的气氛,振奋了全军士气。接着,依军法斩掉了平时骄横不服从指挥的部将,整肃了军纪。然后,欢宴全军官兵,贴出布告,命令全军休息三天,大小将士不得出关作战,迷惑了敌人。在敌人放松警戒之后,狄青突然传令,全军将士整装出发,奔袭敌人。在敌人措手不及之际,狄青身着戎装,手持长枪,一马当先,率领将士将敌军冲得七零八落,纷纷抱头鼠窜。敌将侬智高弃城逃跑,被乱军杀死,宋军在昆仑关大获全胜,平定了叛乱。

战后,狄青一面派人向朝廷报捷,一面就地犒劳三军将士,庆贺胜利。全军上下无不赞扬狄青指挥有方,英勇善战,都认为昆仑关大捷的首功应推主将狄青。然而,过了不久,朝廷派员到军中颁旨嘉奖,孙沔、余靖等部将均因战功卓著,得到了晋升职务的奖励和金银绸缎的赏赐。军功单中,唯独没有给狄青任何奖励。

孙沔、余靖等部将对此感到十分不解和不平。依照狄青在平定叛乱中所起的作用,谁的功劳也比不上他。但为什么朝廷独不给狄青评功嘉奖呢? 大家心中始终是个谜。过了一段时间,大家才知道狄青在向朝廷请功的奏疏中。将平叛大功全部归于下属将领,而只字未提自己所起的重要作用。当部将明白真相为他请功时,狄青却淡淡地说:

"临阵杀敌,多是将士们奋勇在前,拼命流血。我作为主将,怎么能贪天之功为己有呢!"

后来,狄青又极力推荐孙沔做了杭州刺史,余靖也受到了多次擢升、奖赏。他们对狄青这种有功不居功,谦恭让部将的高尚情操赞叹不已。孙沔曾感动地说:"早先我只佩服狄公的英勇善战,现在却更加钦佩狄公的为人。"

人生箴言

> 惟智者不言其所长,故能保其长。
>
> ——王达《笔畴·卷上》。

成长启示

> 人的缺点就在于喜好谈论自己的长处。只有聪明的人才不会去刻意表白自己的优点,所以只有他们这些人才能保持住优点。

辛弃疾恭听批评

南宋大词人辛弃疾,一生爱国忧民,满怀着抗金兴宋、收复山河的远大抱负,写下了许多脍炙人口、气壮山河的词作。他的词作,不仅是鼓舞人民奋起抗金的号角,也是南宋词坛上的扛鼎之作。然而,在这盛名之下,辛弃疾仍然以谦恭的态度,听取各方面对他的词作的批评,修改自己的词作。

1204年3月,南宋朝廷委任辛弃疾为镇江知府。力主抗金、饱受打击的辛弃疾,晚年出山,雄心犹在。他一面派人到金国侦察虚实,一面准备招募沿江士兵渡江北伐。在镇江的日子里,他多次登临北固山,北望扬州,眺目江北,吟诗填词,抒发自己壮志未酬的英雄情怀。

一日,他在北固山顶多景楼上,眼观滚滚东去的江水,目睹脚下这块英雄的土地,回首几十年艰难曲折的人生,不禁感慨万端,写下了著名的《永遇乐·京口北固亭怀古》。

词作草成之后,辛弃疾感到尽抒肺腑,痛快淋漓。这天,他乘兴邀请了镇江的名士才子,到北固山多景楼聚会,一方面以文会友,听取大家对这首诗作的评价;一方面以词抒怀,唤起大家的抗金激情。

宴会开始之后,辛弃疾即命歌女,打起手板,吟唱这首《永遇乐》:

"千古江山，英雄无觅孙仲谋处。舞榭歌台，风流总被雨打风吹去。斜阳草树，寻常巷陌，人道寄奴曾住。想当年金戈铁马，气吞万里如虎。元嘉草草，封狼居胥，赢得仓皇北顾。四十三年，望中犹记，烽火扬州路。可堪回首，佛狸祠下，一片神鸦社鼓。凭谁问，廉颇老矣，尚能饭否？"

一曲唱罢，不少人泪流满面。词人豪放的情怀，苍劲悲凉的呐喊，重重地激荡着每一个宾客的心。正当大家沉浸在词的意境之中，还未来得及拍手叫好时，辛弃疾又连连向大家鞠躬致意："兵不厌诈，词不厌改，还请各位名士发表高见，指教弃疾！"

但这话却赢得大家众口一辞的称赞。这个说：

"辛公此词，有感而发，可见辛公烈士暮年，壮心不已。"

那个说："大宋词家，苏辛并称，见此佳作，名副其实。"

辛弃疾见大家满口称赞，仍旧谦逊地说：

"弃疾草草成篇，多有瑕疵，还望各位多多指教！"

正在这时，忽见小将岳珂从座位站起，大声说："辛大人词雄千古，自成一家，晚生不敢妄议。不过这首词用典太多。开篇用的是三国吴帝孙权的典故，接着'人道寄奴曾住'用的是南宋武帝刘裕的典故，'佛狸祠下，一片神鸦社鼓'用的是北魏太武帝拓跋焘，最后用战国时越国的老将廉颇结尾。短短百字中，四处用典，给人以掉书袋之感。"

满座宾客见岳珂对这首好词大胆指责，都不禁愕然相视。可是辛弃疾听了这么尖锐激烈的批评，却是满面笑容。他端起一杯酒，送到岳珂面前，大声赞道：

"好眼力,好眼力,你一语中的,尖锐地指出我写词的老毛病、坏习惯,可敬,可敬! 来,老夫敬你一杯!"

聚会结束之后,辛弃疾回到住处,反复琢磨岳珂的批评,多次修改了这首词作。

人生箴言

> 月盈则亏,器满则覆。
>
> ——许名奎《劝忍百箴·满之忍》。

成长启示

当月亮变圆的时候,就开始一点点地缺少了;当器皿装满东西的时候,就开始倾覆了。

萨都剌千里问字

　　元朝时期有个少数民族的人，名叫萨都剌。他的诗歌，清新俊逸、自然生动，善于摄取新鲜的风土色调，很受人们的喜爱。然而盛名之下，萨都剌仍然是谦恭求教，留下了千里问一字的佳话。

　　一次，萨都剌来到了向往已久的杭州。他虽未看到"三秋桂子，十里荷花"的盛景，却欣赏到了秋雨濛濛中西湖的神奇。尽管绵绵秋雨下个不停，他仍然冒雨徜徉在西子湖畔。最后，不知不觉来到了天竺寺。天竺寺长老见客人雨夜来访，执意留宿。萨都剌觉得盛情难却，当晚即留宿在大龙翔集庆寺。夜半时分，淅淅沥沥的秋雨悄悄地停了，一轮明月悬挂在静谧的夜空，忽然寺庙中响起了悠扬的钟声。萨都剌身历这良宵美景，心中因秋雨地湿产生的烦闷一扫而光。

　　回去之后，这个雨夜给他留下了难以忘怀的印象。这日，他诗兴勃发，挥笔写成一首七律，寄给了天竺寺的长老。诗写道：

　　　　东南隐者人不识，一日才名动九重。

　　　　地湿厌闻天竺雨，月明来听景阳钟。

　　　　衲衣香暖留春麝，石钵云寒卧夜龙。

　　　　何日相从陪杖履，秋风江上采芙蓉。

　　这首诗虚实相间，对偶工丽，有声有色，有景有情，传开后，深受人们的赞赏。尤其是诗的三、四两句,尤为人们称道。

过了不久,萨都剌忽然收到山东寄来的一封信。写信人是个素昧平生的老者,老者在信中写到:

"全诗意境颇佳,三、四两句尤称妙句。不过,第三句用了一个'闻'字,第四句用了一个'听'字,二者意思重复,犯了七律大忌,如能改动一下,方能达到完美。"

萨都剌读罢来信,觉得老人所说十分有理。但用何字替代"闻"字,却一时难以推敲出来。在之后的许多日子里,萨都剌朝思暮想,换了许多字,却总没有一个让他自感满意。于是,他决心登程上路,远赴山东,去找这写信的老人登门求教。

山东与萨都剌家乡遥距千里。萨都剌一路风餐露宿,备尝辛苦,终于找到了老者的家门。当他报清姓名,说明来意后,老者不禁为他这种谦恭的态度,好学的精神深深感动,连忙将他请到屋中,摆上酒菜和他讨论起诗来。

酒酣耳热之际,萨都剌将收到信后自己的苦思冥想向老者汇报了一遍,然后躬身施礼,请老者指教。老者忙说:

"先生这样谦恭,老汉只有班门弄斧了。唐朝有一诗句说:'林下老僧来看雨',你不妨将此'看'字借来,取代'闻'字,改成'地湿厌看天竺雨,月明来听景阳钟。'这样,一'看'一'听',上句隐眼,下句隐耳,不仅避免重复,对仗也更工整,而且一个'看'字,把耳闻的淅沥雨声,转化为斜雨横扫,山色朦胧的迷离景象,使全诗声色互衬,对比鲜明,意境更加完美。"

萨都剌一听,许久的苦苦思索之愁一扫而光,不禁喜出望外,拍案叫绝,连连鞠躬,感慨万分地说:"先生一字生辉,我萨都剌不虚此千里之行啊!"

人生箴言

行而自炫,人莫之取也。

——《墨子·公孟》。

成长启示

做了事就自我炫耀,对于人来说,这毫无可取之处。

董沄七十拜师

明朝嘉靖年间,有位学者名叫董沄,以擅长写诗而闻名文坛。

68 岁那年,董沄到浙江会稽游览,正碰到当时著名的学者王阳明在这儿讲学。董沄早就听说王阳明的大名,十分钦佩王阳明渊博的知识和独到的学术观点。碰到这个机遇,自然不肯放过。他立即改变了游览计划,跟随听课的人群匆匆赶到了王阳明讲学的草堂。

到了草堂之后,王阳明的课已讲了半天。董沄便静静地站在后边,听王阳明阐发他的哲学理论。当听到了王先生讲到"心外无物,心外无事,心外无理,为学惟求其心"的道理时,董沄不禁为之拍手叫好。一连几天,董沄听得如痴如醉,沉迷其中,对王阳明真有相见恨晚之感。

王阳明讲课之中,见一位白发苍苍的老者端坐肃听,心中十分不安。这天下课之后,他赶忙走到老者面前,请老者不吝指教。董沄见王阳明同自己攀谈,连连拱手,说:

"这儿天听了先生的道德修养学说,董沄真是三生有幸,先生的学说使我如梦初醒,茅塞顿开,如不嫌弃,请让我拜您为师!"

王阳明当时仅 54 岁,见这位年大自己十多岁的著名学者董沄拜自己为师,连忙拱手坚辞不受,二人谦让再三,王阳明还是不敢收下这位老学生。

董沄回到家中,他的一些老朋友听说他要拜王阳明为师,十分

不以为然,善意地劝他说:

"你已这么大年纪,在学术上也很有名气,拜一个比自己小十多岁的人为师,惹人耻笑。"

董沄听了,严肃地说:

"王先生尽管比我年轻,可人家的学问和修养都远远胜我,我按照自己的心愿,决心拜他为师,别人不要妄加评论。"

并当即改其号为"从吾道人",表示愿跟王阳明从头学起的决心。

两年之后,董沄越来越感到仅向王阳明学习,不正式拜师,真是虚度此生。在除夕之夜,董沄不顾家人的劝说,冒着刺骨的寒风,顶着扑脸的雨雪,踏着泥泞的小路,跌跌滑滑地来到王阳明的住处,恳切地再次要求拜师从学。王阳明推却再三,还是拗不过董沄,只好接受了他的跪拜大礼,收下了这位谦恭好学的老学生。自此,二人常围坐在烛光下,切磋学问,交流思想,探讨人生,在全神贯注、聚精会神的研讨中度过了一个个星夜,送走了一个个白昼。

又是两年过去了。王阳明一病不起,溘然长逝。董沄非常悲痛,自恨拜师太晚,未能学到王先生思想的精髓。为了弥补这一损失,他又专心致志地钻研、整理王阳明留下的遗著手稿,直到77岁去世那年,他仍然孜孜不倦苦读不息。

董沄不以年长自恃,七十拜师,谦恭求学,不耻下问的精神,为后人树立了楷模。

人生箴言

人之患，在好为人师。

——《孟子·离娄上》。

成长启示

人最大的毛病，在于喜欢对别人指手画脚，教训别人，表现自己。

范仲淹从善改诗文

宋代政治家范仲淹,一生为人正直,治学谦虚严谨。对自己写出的诗文,他总喜欢听取别人的意见,然后择善而从,将诗文修改得更加完美。

有一天,范仲淹写了一首《采茶歌》。写好之后,恰巧好友蔡君谟来家中作客。范仲淹即把《采茶歌》拿出,请蔡君谟指教。蔡君谟看过《采茶歌》后,当即指出:

"先生所写诗歌,字斟句酌,朗朗上口。不过,其中'黄玉碾内绿尘飞,碧玉瓯中翠涛起'二句,虽然用了'黄'、'碧'、'绿'、'翠'四字,使全诗呈现出鲜艳、明快的色彩,但是,时下好茶,均以白色为上品,而绿翠之色为下品。先生用'黄玉碾','碧玉瓯'写出了茶具之名贵,名贵之茶具理应配上品之茶叶。因此,其中'绿'、'翠'之茶色,似为不确切,请先生斟酌。"

范仲淹一听,方知自己对茶叶了解甚少,不辨茶色,急忙拜谢道:

"先生高见!"

随后立即将后句改为"黄玉碾中玉尘飞,白玉瓯中素涛起"。

范仲淹在浙江桐庐做官时,十分敬慕东汉严子陵的为人,便在富春山上建造了一座严子陵祠堂。祠堂落成后,范仲淹亲自执笔为它写下了一篇《严子陵祠堂记》。在这篇文章中,范仲淹记述了严子陵与东汉光武帝刘秀不同寻常的友情,盛赞子陵先生坚辞刘

秀赏封,归隐富春的清高气节,最后作歌赞曰:

"云山苍苍,江水泱泱,先生之德,山高水长!"

文章写好之后,范仲淹即请来南丰县的名士李秦伯来府指教。李秦伯看过记文之后,连连称赞说:

"大人这篇文章一问世,肯定会轰动一时,但其中一字如能修改,那么此文将会更加完美了。"

范仲淹一听李秦伯提出修改意见,十分高兴,急忙问:

"不知先生要修改哪一个字?"

李秦伯见范仲淹如此谦虚,便说:

"'云山苍苍,江水泱泱',写的自然景物,气势恢宏,喻意高深,但下文却以'先生之德'相接,显得有些生硬。不如将'德'改为'风'字,则上下连贯,浑然一体,且褒扬之意未变……"

范仲淹一听李秦伯的指教,十分钦佩,立即拜谢道:

"先生所言极妙,极妙!"

随即将此歌改为:"云山苍苍,江水泱泱,先生之风,山高水长!"

人生箴言

傲不可长,欲不可纵,志不可满,乐不可极。

——《礼记·曲礼上》。

成长启示

> 骄傲不可以滋长,欲望不可以放纵,不能让自己志得意满,不应该使自己乐到极端。

删繁就简显高风

公元 1045 年,宋代大文学家欧阳修遭诬陷获罪,被贬到滁州做知州。滁州地处江淮之间,山清水秀,地僻事简。欧阳修被贬至此,正好悠游山水。

滁州西南有一座景致优美的琅玡山。欧阳修常常携酒前往,流连忘返其中。时间一久,他便和琅玡寺的主持和尚智仙交上了朋友。智仙和尚同情他的遭遇,又钦佩他的为人,便在游山的路上,专门为他建造一座亭子,以避风雨。亭子落成这天,欧阳修亲自题名为"醉翁亭",并写成了一篇脍炙人口的佳作《醉翁亭记》。

《醉翁亭记》写好之后,欧阳修亲自抄了 6 份,派人贴到各个城门。随后,他又派了 6 班吹鼓手,分别在 6 个城门口鸣锣击鼓,招来过往行人帮他修改。

滁州百姓听说太守欧阳修征询对他文章的修改意见,便蜂拥到各个城门口,争相观看。看过之后,大都称赞不已,提不出什么修改意见。直到傍晚时分,终于有一位 50 多岁的老汉来到官衙,声称要面见太守,修改《醉翁亭记》。

欧阳修一听，连忙出衙相迎。同老者见礼过后，诚恳地说：

"先生有何高见，请快快指教！"

"我乃琅琊山一砍柴樵夫，本不懂诗文，但刚才在城门口听衙役们读了先生的文章之后，感到句句说得都是实情，只是开头显得啰哩啰嗦。"老者道。

欧阳修赶忙把《醉翁亭记》的开头背诵出来："滁州四面皆山也。东有乌龙山，西有大丰山，南有花山，北有白米山，其西南诸峰，林壑尤美……"

刚背到这里，老樵夫把手一挥，说：

"停下，停下，毛病就出在这里，太啰嗦了！"

欧阳修一听，恍然大悟，忙问："您老的意思，是不要再叙述这些山的名字？"

老者笑答道：

"不知太守是否到过琅琊山的南天门？我砍柴常去那里。站在南天门上，什么乌龙山、大丰山、花山、白米山，一转身四周全部都在眼中，四周都是山！"

"您老人家言之有理，环滁皆山，何必一一道出名字！"

欧阳修当即铺开文稿，提笔抹去数十字，将文章开头改成了"环滁皆山也，其西南诸峰，林壑尤美。"然后，再读给老者听。老者一听，连说：

"好！好！'环滁皆山也'五个字，道尽滁州地势，不啰嗦了！"

第二天一早，欧阳修派人到各个城门，修改了《醉翁亭记》的开头。这样，《醉翁亭记》以这 5 字开头，突兀不凡。紧接着，一口气用了 21 个也字，娓娓道来，写尽了滁州山间朝暮变化、四时景色以及游人乐而忘返的游兴。全文如山溪流淌,自然流畅,浑然成天,博得了一片喝彩。

当人们知道这位久负盛名的太守是听了一位山中樵夫的批评后,才删繁就简,将《醉翁亭记》改得如此优美的,无不赞扬欧阳修闻善则从的高风亮节。

人生箴言

乐不可极,极乐成哀;欲不可纵,纵欲成灾。

——《贞观政要·刑法》。

成长启示

快乐不能到达极点,到达极点就会引来悲哀;对欲望不能放纵,如果放纵欲望就会酿成灾难。

陆逊忍辱负重

陆逊是三国时吴国著名的将领,曾任荆州牧、丞相等官职。

公元 219 年,孙权率军攻打荆州,大获全胜,驻守荆州的关羽兵败被杀。公元 221 年,蜀王刘备为了从孙权手中夺回荆州这块战略要地,为结拜兄弟关羽报仇,不听诸葛亮的规劝,亲自率领大军进攻东吴。战争刚开始,来势汹汹的蜀军就攻克了吴郡,自此声势浩大。从巫峡到夷陵有六七百里,江岸两侧高山峻岭连绵不绝,刘备在江岸南侧沿路扎营,树立木栅,又命令水军登陆,也在山林中扎营,从此拉开了号称七百里连营的漫长战线。

刘备大军一路势如破竹,东吴深受震动,在阚泽的举荐下,孙权命年轻的陆逊为大都督,统率大军前去应战。

由于陆逊在吴国将领中资历较浅,而这次归他指挥的将领中有很多是已经跟随孙权征战多年的老将,有的甚至还是皇亲贵戚。所以,他们在陆逊面前总是显出傲慢的神情,对年轻的书生陆逊能当上大都督十分不服,根本不把他这个统帅放在眼里。

陆逊虽然年轻,却深谙兵法,老成持重。考虑到蜀军大获全胜,正士气高涨,陆逊决定以逸待劳,在远离蜀军的地方安营扎寨。他命令手下诸将,不许他们出战,要等蜀军松懈了,再发起猛攻。原来就瞧不起陆逊的将领马上表示不满,对陆逊以逸待劳的策略议论纷纷,有的甚至不服从命令,不愿配合作战。

陆逊早就预料到会发生这样的事情,但他依然镇静自若地实施着自己的部署,按兵不动,和蜀军相持着。

一天,陆逊把众将全部召集到一起,把宝剑紧握在手中,厉声说道:"刘备是天下有名的战略家,连曹操都要怕他三分,现在,他已率大军气势汹汹而来,准备攻打我吴地。他是我们的强敌,我们决不能有半点轻视他的心思,希望众位将军以大局为重,同心协力,共同消灭敌人。我虽然只是一名书生,但主上委以重任,使大家屈居为我的部下,肯定是因为我有些可取之处,我一定不负所望,必须忍辱负重,挑起这个重担。从今以后,有令必行,违令者斩!"

在两军相持的漫长时间中,陆逊背负着巨大压力,但他信念坚定,忍辱负重,任凭诸将议论纷纷、蜀军多次挑战辱骂,就是坚兵不出。时间久了,蜀军斗志涣散,刘备本人也放松了警惕。公元222年,陆逊终于出兵了,他命令吴军用火攻,火烧七百里连营。当时正值暑天,气温极高,蜀营多依林木而建,大火一烧,绵延开来,难以扑灭。蜀军惨败,刘备仓皇逃走,吴军大捷。这是陆逊的坚持换来的胜利。

人生箴言

君子养心莫善于诚,致诚则无它事矣。

——《荀子·不苟》。

成长启示

> 君子修身养性最好的方法是培养诚实的品格，达到诚就无须从事其他养心的方法。

坚持言论不做官

南北朝时，竟陵王萧子良十分赏识范缜，便向齐武帝举荐他做官。而此时的范缜在大街上，看见竟陵王府衙的官兵以齐武帝修建陵台为由，强抢百姓财产，他路见不平，与官兵发生争执，并说世间并无神灵。官兵认为范缜亵渎神灵，对他大打出手。

正在危急时刻，好友萧衍赶到，救下范缜。萧衍也很赏识范缜的才华和学识，两人正在叙旧时，一官差策马而来，请范缜立即前往竟陵王府。临别时，萧衍善意地提醒范缜：面见竟陵王时，切莫提佛教一事。原来；南北朝时，佛教盛行，帝王将相极力推崇，为的是麻痹百姓，安定民心。

范缜一到王府，萧子良满面春风地把举荐之事告诉他，并开玩笑地说："从此你我同朝为官了。"范缜谢过萧子良，犹豫了一下，说起官兵强抢百姓财物之事，感叹百姓种种疾苦，但萧子良却不以为然："贫富都是因果报应、六世轮回的结果，他们前世作恶，今世理当受些惩罚。"

范缜据理力争："人生在世好比花在树上，同长一树的花被风吹落，有的落高处洁净的地方，有的却落到低处污秽的地方。落到洁净的地方是王爷这样的人，而落到了污秽之地的则是在下这般的人。这两者之间的贵贱确实有不同的地方，但又何来的因果报应呢？王爷如此英明之人，难道连这样的道理也不懂了？"萧子良无言以对，生气地拂袖而去。

第二天，在金銮殿上，范缜再次说起百姓疾苦，并进谏齐武帝取消建造陵台的工程。齐武帝很不高兴，因为他认为陵台是他死后神魂安息的地方，意义重大。但范缜却不识时务地说："我以为人的肉体是本质的东西，灵魂只是人体的一种功能。肉体存生，灵魂就存在；肉体死亡，灵魂也就随之消灭。肉体与灵魂的关系就像刀口与锋利的关系，刀是物质，锋利只是刀口的作用，离开了刀口就无所谓锋利。因此，如果说，肉体消失而神魂仍在，岂不是无稽之谈吗？"齐武帝气得浑身发抖，大家不欢而散。文武百官对范缜议论纷纷，只有萧衍暗地里支持他。

为了驳斥一些谬论，范缜写下了论著《神灭论》，并以奏章的形式呈给了齐武帝。齐武帝怒不可遏，把萧子良叫来，严厉斥问："这就是你举荐的人？"萧子良诚惶诚恐，答应给齐武帝一个满意的答复。

当夜，萧子良将范缜召到王府，要求他将文章销毁，并说："以你的才学，只要好好干，完全可以做中书侍郎，何必发表这种不合时宜的议论呢？"范缜不为所动，笑道："假如我范缜靠卖论取官的话，再大些的官也能做到，何止这区区中书侍郎呢！"萧子良一怒之下将他押入大牢，革职查办。幸而萧衍冒死替他求情，才免掉头之罪。

两年以后,改朝换代,萧衍成了梁朝的皇帝,范缜被无罪释放了。他得知萧衍做了皇帝很高兴,满以为百姓再也不会受苦了。可是,当他走出监牢时,看见的第一幕便是随处可见、趾高气扬的僧侣,全国上下都在大兴土木,修建寺院,百姓苦不堪言。范缜简直不敢相信自己的眼睛和耳朵。就在这时,萧衍派人来请范缜进宫。

范缜发现萧衍完全变了,无奈之下,再次拿出尘封的《神灭论》,公开刊刻。萧衍无计可施,想以荣华富贵收买他,使他归依。但令人始料不及的是范缜却主动要求辞官,云游各地。

他说:"皇上以大兴迷信而立国,而臣则认为世间无神。因此,臣若再为官,非但不能为朝廷出力,甚至还会触怒皇上。"萧衍暗暗佩服范缜的聪明,但是又担心他去别国为官,对梁朝造成很大的威胁。左右为难时,有人提议:让学识渊博的僧侣和大臣与其辩论,让他心服口服。

于是,金銮殿上便有了激动人心的一幕:萧衍找来僧侣、大臣共六十六人与范缜辩论,却无人能辩论过范缜。一僧侣理屈词穷,骂道:"呜呼范子!竟不知祖宗所在!"范缜大义凛然地驳道:"呜呼此子,知其祖宗所在,却不肯从而往之!"范缜据理力争,终于把所有的人都驳得哑口无言。

后来,萧衍无可奈何,就把他放逐到广州(今广东广州市)去了。

人生箴言

> 忠道者不以否滞而改图,守正者不以莫赏而苟合。
>
> ——葛洪《抱朴子·广譬》。

成长启示

忠于道义的人不因为仕途不通而改变自己的意图,操守正直的人不因为没有人赞赏而随意迎合他人。

矢志不渝

清朝时的南京郊外,寒风夹着雪花狂舞,在一间破茅草屋里,吴敬梓衣衫褴褛,冻得浑身发抖,但他仍坐在一张破旧的书桌边奋笔疾书。

这时,两个官兵进门,不管三七二十一,拉着吴敬梓和他的妻儿就走。吴敬梓全家被带到官府,诚惶诚恐,不想却受到身着华丽官服、堆着满面笑容的巡抚亲自迎接。他设好酒宴,极力款待吴敬梓,还说了很多阿谀奉承的话,但吴敬梓却并不领情,开门见山地说:"巡抚大人,有什么事吩咐就是了。"

巡抚很尴尬,只好说出意图:他愿意出钱送吴敬梓赴京参加科举考试。随后,他吩咐侍女拿来一包银两送给吴敬梓,说:"只要你参加科举,这些银两算是给你买纸、买笔、买炭取暖的。"但吴敬梓却拒绝接受,冷冷地说:"人各有志,我虽穷困,但不能无功受禄!"说完,扬长而去。

一个平白无故送别人钱财,一个穷得叮当响却不受人接济,这到底是怎么回事呢?

吴敬梓拉着妻儿回到家里。妻子非常不理解:巡抚如此恩德,为何不领受?吴敬梓不予理睬。妻子哭着抱出来米坛——里面空空如也,吴敬梓刚要开口,却听到"吱——"地一声,门被推开了,一个官兵挑着一担炭和粮食走了进来,原来是巡抚派人送来的。妻子满心欢喜,热情地招呼官兵,但吴敬梓却"砰"地一声又关上了柴门。

巡抚不但不生气，不一会儿，竟然亲自登门拜访吴敬梓了。当他看到用木板、茅草编捆搭建的破房和打满补丁的薄棉被时，不禁嘘吁不已，再次提出资助吴敬梓参加京试。但吴敬梓仍旧不为所动，说："你走你的阳关道，我走我的独木桥，我是心甘情愿。"

巡抚终于表露出本意："只要你不再写《儒林外史》，就算不参加科举，我也可以举荐你一个不错的官位。"吴敬梓哈哈大笑，断然拒绝。

巡抚一计不成，又生一计，要让吴敬梓走投无路，他悄悄地开始实施了自己的阴谋。不久，吴敬梓家里终于面临衣食无源的危机，无奈之下，吴敬梓只好去卖菜。没想到他刚刚来到集市，几个官兵就跟了过来故意刁难，不仅奚落他，还将菜摊抓翻，把蔬菜踩烂，一旁卖菜的老百姓也跟着遭了殃。

与此同时，吴敬梓家里突然来了一个官兵，送来一百两银子，说是巡抚大人的一点心意。吴敬梓的妻子刚要说话，官兵已经搁下银包，没了踪影。不一会儿，吴敬梓回来了，听完妻子的叙述后，马上警觉起来，拿起银包"啪"地按在桌上："原来你断我生计，又包藏祸心！"他忙吩咐妻子拿《儒林外史》书稿，携孩子从后门外躲一躲。

妻子前脚刚走，官兵后脚赶到，声称吴敬梓偷了官府银两，不由分说便开始搜查。官兵们翻箱倒柜，实在搜不到书稿，只好悻悻而去。巡抚的阴谋又一次失败了，他气急败坏，但也无计可施了，只好任由吴敬梓继续写书，揭露科举场上的种种黑暗。

人生箴言

率义之为勇。

——《左传·哀公十六年》。

成长启示

遵循道义叫做勇敢。

王毅宁可站着死

金宣宗年间，有个叫王毅的人，是北京大兴人，他官职虽不大，却特别有骨气。王毅少年时代学习十分勤奋，年纪轻轻就考中了进士，几年后，当了东明县令。

当时，北方蒙古族势力兴起，在首领成吉思汗的率领下，攻城略地，杀人掳掠。1214年，蒙古兵又向南进攻。王毅侦得消息，早早地在东明城布防，严阵以待。

一天凌晨，王毅还像往常一样巡视全城。当他刚到东门城楼，就听见远处传来一阵急促的马蹄声。不一会儿，就见成千上万的蒙古兵吼叫着冲杀过来,王毅立刻率兵投入战斗。

凶悍的蒙古兵骄横惯了,过去他们不知攻克了多少军事重镇、战略要地,在他们眼中,东明这座小城又算得了什么呢!蒙古兵向东明城发起轮番进攻,志在必得!王毅一点儿也不害怕,他沉着冷静,果断指挥,杀退了蒙古兵潮水般的进攻。

在敌人进攻最猛烈的东门城楼,王毅亲自上阵,挥刀杀敌。激战中,王毅身上多处负伤,鲜血染红了战袍。有一位副将劝王毅下城楼暂时休息包扎伤口,他豪迈地说:"现在正是大丈夫报国之时,怎能轻易退缩!"战士们见统帅如此忠勇爱国,无不倍受鼓舞,奋勇杀敌。

一连多日,王毅打败了敌人的尢数次进攻与偷袭。可是,工毅只有几百名守军,没有援兵,又断了军粮,所以最后东明城还是被蒙古兵攻下了,王毅也在随后的巷战中被俘。

王毅与另外三名被俘的将领被押到蒙古主帅面前。蒙古兵要王毅跪下,王毅声音洪亮地说道:"我们只有站着死的将军,没有跪着生的将军!"

一个蒙古将领见王毅被俘了还敢"嘴硬",拔刀杀了两个俘将,想来个杀鸡给猴看。谁知王毅见了,一点儿害怕的表示都没有。倒是他身边剩下的那个叫王八的俘将被吓破了胆,扑通一声跪倒在蒙古主帅面前,忙不迭地求饶。

王毅见王八这么怕死,气愤异常,他对王八连踢几脚,怒骂道:"没骨气的混账东西,枉披了一张人皮!"

蒙古兵见王毅还不肯屈服,便一拥而上,强按他下跪,可是无论怎样用劲,王毅就是不下跪。气愤的蒙古兵竟操刀砍他的小腿肚子,顿时,王毅血流如注,但他仍然直挺着身板,目光中放射出坚毅的光芒。蒙古主帅对王毅毫无办法,恼羞成怒,下令处死了王毅。

王毅虽然被杀害了,但是,他那为国勇于献身、永不屈服的高贵品质永远值得人们钦敬。

人生箴言

> 君子强学而力行。
>
> ——杨雄《法言·修身》。

成长启示

有道德的人勉励自己学习并且努力地身体力行。

随风转舵

叔孙通以制定了朝见帝王的礼仪而大受汉高祖刘邦的赏识，成为西汉开国初期一位引人注目的角色，《汉书》还专门给他立了一篇传记。

其实，他的崭露头角开始于秦朝，早在秦始皇时期，他便以博士的头衔为秦王朝效力了。秦始皇搞的焚书坑儒，坑的就是这些有博士头衔的人，当时坑的人数多达四百六十余人，而叔孙通居然能幸免于难，真不知他用的什么手段讨好了秦始皇。

到了秦二世时代，陈胜、吴广农民起义，二世皇帝召来了一帮博士儒生询问对策："南方有一些戍卒攻城夺地，你们看该怎么办呀？"

有三十余名博士纷纷进言道："臣民不允许聚众闹事，聚众闹事就是造反，就是不可饶恕的死罪，请陛下立即发兵去讨！"

偏偏秦二世采取驼鸟政策，不肯承认老百姓会起兵反对他，一听这话脸色都变了，一副怒气冲冲的样子。叔孙通明白了秦二世的心思，立刻上前说道："他们说的都不对。现在天下一家，郡县的城墙、关卡早已摧毁，兵器也早已收缴销毁，为天下百姓，表示永远不再用武。而且上有英明的国君，下有严格的法令，官吏们人人尽职守，四方百姓心向朝廷，怎么会有造反的人？南方那些戍卒不过是些鼠窃狗盗的小偷小摸，何足挂齿？当地的官员早已将他们拘捕杀戮，根本不必大惊小怪！"

　　这番话果然讨得秦二世的欢心,结果那些说是造反的博士们都被送交司法部门审讯,而叔孙通却得到了二十匹布帛、一身衣服的赏赐,并将他的官职升了一级。等到叔孙通返回住所,那些博士们责问他道:"你怎么那么会巴结讨好?"

　　叔孙通说:"你们太不聪明了,我也险些不免于虎口!"

　　其实,他已清楚地看出了秦国即将灭亡的形势,当夜便逃出秦都咸阳,投奔陈胜、吴广的队伍去了。陈胜、吴广失败以后,他先后又归顺过项梁、义帝、项羽,最后项羽失败,他投降了刘邦。

　　刘邦不喜欢读书人,叔孙通为了迎合刘邦,脱掉了自己儒生的服装,特意换上一身刘邦故乡通行的短衣短衫,果然赢得了刘邦的好感。

　　当他投降刘邦时,有一百多名学生随他而来,可他并不向刘邦推荐,而他所推荐的,全是一些不怕死、敢拼命的壮士,学生们不免有了怨言:"我们追随先生多年,又同先生一起降汉,先生不推荐我们,专推荐一些善于拿刀动剑的人物,真不知他是怎么想的!"

　　叔孙通说:"刘邦现在正是打江山的时候,自然需要一些能够冲锋陷阵的人,你们能打仗吗? 你们别着急,且耐心等待,我不会忘了你们!"

　　当刘邦当上皇帝以后,那些故旧部下全不懂得一点儿君臣大礼,有时在朝堂上也争功斗能、饮酒狂呼,甚至拔剑相向,刘邦显得很不耐烦,这一点让叔孙通看出来了,他便趁机建议制定一套大臣朝见皇帝的礼仪,刘邦自然同意。

　　这样一来,他的那班弟子都派上了用场,同时他还特地到礼仪之邦的鲁地,去征召一批懂得朝廷大典的人。有两个读书人不愿意来,当面指责他道:"你踏上仕途以来,前前后后服待了十几个主子,都是以阿谀奉承而得到贵宠。现在天下刚刚安定下来,百姓死者还没得到安葬,伤者还未得到治疗,国家百废待兴,你却一门心思去搞那些不是当务之急的礼仪。你的作为完全不符合古人设置礼仪的初衷,我们不会跟你一块儿去的,你赶快走开,别玷污我们!"

叔孙通一点也不生气,反而讥笑道:"真是一个腐儒,完全不懂得适应时局的变化!"

由于他的那一套礼仪极大地提高了皇帝的尊严,使得刘邦十分开心,高兴地说:"我今日才真正体验到当皇帝的尊贵了!"

于是叔孙通加官晋级,一次便得到五百金的赐赏,成为朝廷近臣,一直到汉惠帝还恩宠不衰。

人生箴言

> 能去私曲就公法者,民安国治;能去私行行公法者,则兵强而敌弱。
>
> ——《韩非子·有度》。

成长启示

> 去掉私心而遵守公法的,人民安定国家也就治理得好;能克服自私的行为而奉公守法的,军队就会强大而使敌国削弱。

投鞭断流

公元 357 年,北方氐族人苻坚建立了前秦国,自称大秦天王,占据了整个北部中国,与东晋王朝对峙。

苻坚雄心勃勃,有意统一中国。他起用了汉族政治家王猛为宰相,采取了抑制氐族豪强、缓和民族关系的政策,整顿朝政,改革军队,兴修水利,发展农桑……一时间前秦出现了和平安乐、繁荣昌盛的"小康"景象。

苻坚认为统一中国的时机已经成熟了。他召集文武百官商议南下征伐东晋的事宜,说:"我继承大业已二十多年了,四方安定,唯有东南一角我还没有征服。每想到天下尚未统一,我就吃不下饭,睡不好觉。现在我们已经有了精兵百万,我打算亲率大军南下灭晋,大家意见如何?"

朝臣中附和的人说:"这是千载难逢的好时机,以我们强大的秦国去讨伐弱小的晋国,王师所到之处,一定成功!"可是太子等人不赞成,劝阻说:"东晋在地理上占据长江天险之利,内部又君臣和睦,上下同心,进攻东晋恐怕占不到便宜。"

苻坚听了反对的意见后很不顺耳,踌躇满志地说:"长江有什么了不起? 我有百万雄师,光是把马鞭投进江中,也足以将江流堵塞(投鞭断流),有什么可怕的! 我看呀,咱们连晋国君臣的职务都可以重新安排一下:封晋武帝尚书左仆射,晋相谢安任吏部尚书,晋将桓冲做我的侍从长官,因为这些人迟早是要投降的!"

公元 383 年,苻坚颁发军令,大举伐晋。九月,秦军主力抵达河南,前锋三十万人马已直达安徽,左翼大军已进驻彭城,右翼大军顺江而下,担任后卫的凉州兵刚刚抵达成阳。秦军步兵六十万,骑兵二十七万,浩浩荡荡,水陆并发,东西绵延万里,声势真是逼人。

强秦号称百万的大军压境,东晋朝野为之震惊。东晋的宰相谢安精心策划,调兵遣将,部署下全部兵力八万,严阵固守淝水一线,与秦军隔江对峙。一场酷似赤壁之战的历史性决战即将打响。

苻坚在淝水西岸寿阳登城察看敌情,只见晋军布阵严整有序,兵势旺盛,遥望城北远处的八公山上草木摇动,弄不清晋国究竟有多少部队,心中暗暗大吃了一惊:他得到的情报上说晋军是支弱旅,可眼前这支军队分明是个劲敌啊!

晋军虽然士气旺盛,不乏骁勇,但毕竟兵力只及秦军的十分之一,力量悬殊太大,晋军的将帅也不能不捏着一把汗。他们反复商量,决定紧紧抓住时机,乘秦军先头部队立足未稳,后续部队没有跟上的时机,提前与秦军决战,以挫败对方的势头。

于是,晋军派使者渡河将战表送至秦军大营,要求秦军后退一步,让晋军渡河与秦军决战,以决雌雄。多数秦军将领认为退不得,苻坚心中却暗暗得意,说:"我军不妨稍稍后退,等晋军渡到一半的时候,再用精锐的骑兵拦腰切断,只要这样去做,必胜无疑!"

谁料到,这是东晋的一条计策:他们早已在秦军后方安插了打扮成平民的奸细。待秦军刚一后退,潜伏的晋军就在退军时制造混乱,大喊大叫"晋军攻过来了!秦军败了!"一时间,秦军乱作一团,自相践踏,争相逃命,完全失去控制,溃不成军。晋军趁势冲杀,追击数百里,歼灭了大部分秦军主力。

骄兵必败。苻坚不听劝告,结果终于在淝水一战中,被晋军以少胜多打得一败涂地。秦国从此一蹶不振。

人生箴言

让,德之主也,让之谓鼓德。

——《左传·昭公十年》。

成长启示

谦让,是道德的根本。这种德行就叫做美好的德行。

图穷匕首见

战国末年,秦王嬴政登上了王位,集秦国大权于一人之手,并开始策划兼并其他六国。公元前228年,秦国灭掉了赵国后,立即瞄准下一个要吞并的目标,挥师北上,直指燕国。

燕国的太子丹找到一个名叫荆轲的壮士,准备刺杀秦王。太子丹为荆轲准备了一把无比锋利而且浸过烈性毒药的匕首,还准备了两件会使秦王高兴的礼物:一件是秦王一直在缉拿的叛将樊於期的头颅;另一件是一张燕国督亢地区的地图,假称燕国打算将这块地方献给秦国。

荆轲扮作燕国的使者来到了秦国都城咸阳,用重金买通了秦王的宠臣,得到了进见秦王的机会。

见秦王的那天,荆轲小心地把匕首卷在地图最里层,严严实实地封好。秦王的大殿前,戒备森严,荆轲昂首阔步走上殿阶,向秦王施了礼。秦王首先验明了樊於期的头颅,感到十分满意,然后踌躇满志地让荆轲展开要献的地图给他看。地图慢慢地展开了,差不多快到尽头时,匕首一下子露了出来!

秦王大吃一惊,荆轲马上操起匕首,左手拽住秦王的衣袖,向他猛刺过去。秦王拼命挣扎,把衣袖都扯断了,总算躲过了匕首,然后绕着殿中的大柱奔跑,一边躲避身后紧追不舍的荆轲,一边试图拔出身上佩带的剑。可是秦王的剑太长了,越急越拔不出来,旁边的朝臣个个吓得呆若木鸡。正在万分危急时,秦王的御医急中生智,端起药囊向荆轲砸去。荆轲一怔,秦王乘机拔出剑来,砍断了荆轲的左腿。荆轲忍住剧痛,使出全身力气,将匕首朝秦王掷去。秦王急忙避闪,匕首击在铜柱上,碰出点点火星。秦王对荆轲连砍八剑,荆轲还骂不绝口,最后被拥上来的卫兵用乱刀剁成肉泥。

六年后,魏、楚、燕、齐国先后被秦王灭掉,秦王成为这个统一的大帝国的第一位皇帝,他就是历史上著名的秦始皇。

人生箴言

两君子无争,相让故也。一君子一小人无争,有容故也。争者,两小人也。

——吕坤《呻吟语·应务》。

成长启示

两个君子之间没有争夺,是因为互相谦让的缘故。一个君子与一个小人之间没有争夺,是因为君子容忍小人的缘故。相互争夺的,是两个小人啊。

言过其实

公元 228 年，蜀国丞相诸葛亮率兵向长安方向进攻，打算一举歼灭曹魏。到达祁山之后，他决定派出一支人马去守住街亭这个地方，作为蜀军的根据地。那么，让谁来带领这支人马呢？当时诸葛亮身边尚有好几位身经百战的老将，可是他一个也没有看中，独独选中了参军马谡。

马谡是蜀汉侍中马良的弟弟。最初，他曾跟随刘备攻克下蜀地。他的才能和见识都超出一般人，读过许多兵书，好谈论军事。诸葛亮南征时，他曾建议采取攻心的策略，被诸葛亮采纳了，因此深得诸葛亮的器重。但是刘备在世的时候，却看出马谡有做事不踏实、好浮夸的毛病，临死前特地叮嘱过诸葛亮："马谡这个人言过其实，万万不能委以重任，望丞相再深入考察一下。"诸葛亮对刘备的告诫没有引起足够的重视，仍然把他任命为参军，并且经常同他在一起通宵达旦地谈论军事。这一回，他又派遣马谡当先锋，负责坚守街亭这一战略要地，不由得不使老将们忧虑重重，提心吊胆。

马谡率领人马到达街亭时，张郃率领的魏军也正从东面开过来。马谡看了看地形，对他的副将王平说："这一带地形险要，我们就在街亭旁边的山上安营扎寨、布置埋伏好了。"王平提醒他，说："临行前，丞相再三叮嘱，一定要坚守住城池，稳扎营垒。我觉得在山上扎营太冒险啦。"

马谡缺乏实战经验，却自以为熟读兵书、精通兵法，哪里还听得进王平的劝告呢。他固执己见，坚持要把营垒安扎在山上。王平一再劝阻也没有用，最后只好央求马谡拨给他一千人马，在山下临近的地方驻守。

张郃率领魏军赶到街亭，一看马谡将营垒扎在山上，心中不由大喜，马上吩咐手下将士在山下筑好工事，摆好阵势，把马谡扎营的那座山团团围住。

马谡得到消息时，已经迟了。他几次命令士兵冲下去，都因张郃部下死死地守住阵地而告失败。结果，蜀军不但没有攻破魏军，反而被魏军的乱箭射死了不少人。

山上的水源也被张郃切断了，蜀军断了水，连饭都做不成，将士们个个口干舌燥、饥肠辘辘。时间一长，自己先乱了起来。张郃看准时机，发动总攻，蜀军丢盔弃甲，纷纷溃散，马谡想挡也挡不住。最后，只好自己杀出重围，向西边逃去。

幸亏王平率领一千人马，稳守营垒。他得知马谡失败，就令士兵拼命擂鼓，装出要向魏军进攻的阵势。张郃怀疑蜀军是不是埋下了伏兵，始终不敢逼近。王平乘机整顿好队伍，不慌不忙往后撤退。就这样，不但保住了一千人马，也收容了马谡手下的散兵。

战略要地街亭的失守，打乱了诸葛亮的战略部署，迫使诸葛亮不得不退回汉中。

回到汉中后，诸葛亮全面了解了街亭失守的整个过程，马谡也承认了自己的过错。于是，诸葛亮按照当时的军法，把马谡关进监狱，定了死罪。同时，他认为王平曾劝阻过马谡，又在退兵时用计保全了人马，是有功的，就把王平提升为参军，让他统率五部人马。

马谡知道自己活不了多久了，就在狱中给诸葛亮写了一封信，信中说："丞相平日待我如同亲生儿子,我也把丞相当做亲生父亲。我死以后,希望丞相能像舜杀了鲧以后还用他的儿子禹一样,对待我的儿子。这样,我也就死而无憾了。"接着,他便在监狱里自杀了。

后来,诸葛亮果真把马谡的儿子照顾得很好。

诸葛亮向全军将士检讨了自己的过失,他说:"先主临终前就告诫过我,说马谡言过其实,万万不可重用。此次街亭失守,固然是因为马谡违反军令,但我用人不当,也应该负很大的责任。"他还向后主刘禅呈送上一份奏章,请求将自己的官职降低三级。

人生箴言

厚人自薄谓之让。

——贾谊《新书·道术》。

成长启示

给别人的好处多,给自己的好处少,这就叫做谦让。

从善如流

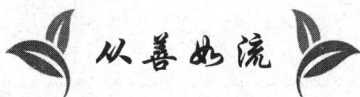

春秋时,有一次楚军攻打郑国,郑国抵挡不住,派人向晋国求救,晋景公就派栾书率领大军去救援郑国。楚军见晋军来势凶猛,立即退兵撤回楚国去了。

栾书十分恼火,就领兵去攻打楚国的盟国蔡国。蔡国连夜派人向楚国求救。于是楚国派公子申、公子成二人,率领申县、息县的军队赶来救援。

晋国大将赵同和赵括,向中军元帅栾书请求出战,迎击楚军。栾书正要答应,这时他的部下知庄子、范文子、韩献子三人劝阻栾书说:"楚军去而复来,一定很难对付。如果我军胜了,只是打败了楚国两县军队,不值得炫耀;如果我军败了,那就耻辱到极点了,因此不能与楚军相争。"

栾书听了,觉得很有道理,准备收兵。可是栾书的其他部将不同意知庄子三人的看法,他们对栾书说:"元帅卿佐共有十一个人,只有他们三位反对出战,可见主张打的人占多数。元帅怎么不按多数人的意见来决策呢?"栾书回答道:"多数人的意见不一定正确,正确的意见才能代表多数,知庄子他们的意见深谋远虑,是正确的建议,所以能够代表大多数人。因此,我应当接受他们的意见。"于是,他下令退兵。

《左传》的作者在叙述了这个故事之后,感叹地说:"听从正确的意见像流水一样迅速(从善如流),好啊!"

人生箴言

让，豁行也，过则为足恭，为曲礼，多出机心。

——洪应明《菜根谭》。

成长启示

　　谦让，是一种美好的德行，但是如果做得过分了就令人觉得虚伪了，这时所表现出的谦让，就是不恰当的礼貌，大多都是出于某种功利性考虑。

"万"字难写

一个农村有一家农民,家境非常好,非常富有。可是,他们家没有一个人读过书,因此他们老是碰到一些麻烦,比如说,和人算账的时候不会记账,写信请客就更成问题了,所以他们就尽量避免和别人写信请客什么的。可是,这种事情不可能完全避开啊。所以,在吃尽了不识字的苦头后,他们家决定要他们唯一的孙子学习认字,以解决家里的这个问题。

于是,他们花重金从城里请来了一位很有名的老师来教。第一天上学,老师知道他一点儿基础也没有,就打算从数字开始教起,于是老师用毛笔在白纸上写了一笔,告诉这家的孩子说:

"这是个'一'字。"

这孩子学得很认真,牢牢地记住了,下课后就写给家里的人看:"我学了一个字——'一'。"他爷爷见孙子学得这么用功,心里别提多高兴了。

第二天上学,老师又用毛笔在纸上写了两笔,说:

"这是个'二'字。"

孩子觉得没什么新鲜的了,于是记住就回去了。到了第三天,老师用毛笔在纸上写了三笔,说:

"这是个'三'字。"

孩子想了一想,说:"先生,我学会了。"他扔下笔就走了。

出门后,他兴高采烈地到处说:

"我已经学会认字了!"

他找到自己的爷爷,说:

"认字实在简单,不用麻烦先生了,请把先生辞退了吧。"于是,这家辞退了老师。

过了几天,家里想请一位姓万的朋友来喝酒,就把写请柬的任务交给孙子了。可是,天都快黑了,也不见客人来,爷爷就到孙子的屋子里问他到底送了请柬没有。

进了孙子的屋,爷爷看见孙子正趴在地上写字呢,纸铺了一地,上面尽是黑道道。孙子看到爷爷进来了,便埋怨道:

"天下的姓氏那么多,客人为什么偏偏姓万呢? 从一大早写到现在,我手都酸了,也才写了不到3 000画!'万'字真难写呀!"

人生箴言

凡事预则立,不预则废。

——《礼记·中庸》。

成长启示

任何事情如果能预先充分准备就会成功,否则就会失败。

齐人学瑟

有一个齐国人非常欣赏赵国人弹瑟的技艺,特别希望自己也能有这样的好本领,于是就决心到赵国去拜师学弹瑟。

说去就去,这个人就收拾行囊来到赵国了。他拜见了师父,对师父说:

"我喜欢听赵国的瑟,因此我决定来学。请您收我为徒,我一定会好好学的。"

于是,师父听信了他的话,开始教他弹瑟。可是这个齐国人没学几天就厌烦了,因为每天都要练习枯燥无味的几个音符,齐国人想:我要学的是好听的曲子,现在还要学这些无聊的东西,真是太烦了。

于是,他开始不认真了,上课的时候经常开小差,根本不知道师父在教什么。他还经常偷懒不来上课,要不就是把瑟扔在一边,不愿意好好练习,偷偷琢磨自己的事情。

转眼学了一年多,这个齐国人仍弹不了成调的曲子,师父责备他说:

"你学了这么长时间,还不能演奏一曲,真是太糟糕了。你怎么回齐国去啊!"

他自己也有点慌了,心里想:我到赵国来学了这么久,如果什么都没学到,就这样回去,哪里有什么脸面见人呢?

可是想归想,老师一走他就忘了,还是不抓紧时间认真研习弹瑟的基本要领和技巧。他还是懒洋洋的,整天都在瞎逛。

后来,家里来信了,让他回去,这会儿他真的着急了,怎么办啊,自己还不会弹好曲子呢!

他想:有没有什么办法可以不用练习也能弹好呢?对,一定有,我要注意观察师父,看看他到底有什么没有告诉我的窍门。

他注意到师傅每次弹瑟之前都要先调音,然后才能演奏出好听的曲子。于是他琢磨了起来:看来只要调好了音就能弹好瑟了。如果我把调音用的瑟弦上的那些小柱子在调好音后都用胶粘牢,固定起来,不就能一劳永逸了吗?想到这里,他不禁为自己的"聪明"而暗自得意。他想,我用不着怕回家啦,等我回了家,我要弹给大家听一听。

走的时候,他请师傅为他把瑟调好了音,然后他真的偷偷地用胶把那些调好的小柱子都粘了起来,于是他带着瑟高高兴兴地回家了。

回家以后,他逢人就夸耀说:

"我学成回来了,现在已经是弹瑟的高手了!"

大家信以为真,纷纷请求他弹一首曲子来听听,这个齐国人欣然答应,可是他哪里知道,他的瑟无法调音是弹不出完整的曲子来的。于是他在家乡父老面前出了个大洋相。

✨ 人生箴言

唯有道者,能备患于未形也。

——《管子·牧民》。

🕊 **成长启示**

> 只有具有远见的人才能够在祸患没有形成的时候就预防它。

李贺写诗

我国唐代著名诗人李贺只活了 20 多岁,可是在他短短的一生中,却留下了许多动人的诗篇。他自小就非常聪明,7 岁时就能写出很精彩的诗歌、文章,受到当时一些有名望的人的赞赏,还被认为是小神童。可是,他一生的成就,不单单依靠他的聪明,更多的是依靠他的刻苦学习。

有的人写诗是闭门造车冥思苦想,而李贺写诗,有个与众不同的习惯。这是什么习惯呢?

他有一匹瘦马,每天早上他就骑着那匹瘦马外出游览。广阔的自然使得他才思大发,灵感如泉涌。这时,他就赶紧把这些想法记下来,装进随身带的绣花锦囊之中。当太阳落山的时候,李贺就往回家的路上走,到家常常已是掌灯时分,家里人早已吃过晚饭了。

这天一回家,母亲就说:"赶紧吃饭吧。"

可是,李贺却在屋子里半天不出来,出来时,饭菜都已经凉了。

原来,今天他的收获特别多。他忙着把白天写的那些草稿从锦囊中取出来,修改、整理,然后誊写清楚。他一心想着写诗,所以连吃饭都忘了。

这样的事情不止一回。李贺天天如此坚持不懈,几乎从没停止这样做。

一天晚上,李贺回家做完这一切躺下就睡着了。母亲来到他的房间帮他整理东西,她奇怪儿子天天在干什么。于是她取过锦囊将里面的东西全倒出来,一看,竟都是些诗稿、笔记,除此以外,别无他物。他母亲既高兴又伤心,高兴的是自己有个爱学习的孩子,伤心的是他这样不会照顾自己。她摇了摇头,叹声道:"这孩子真是非要把心呕出来才肯罢休啊!"

人生箴言

居安思危。思则有备,有备无患。

——《左传·襄公十一年》。

成长启示

虽然身处平安的境地,但却要想到可能来临的危险,因为有了思考就会有防备,而有了防备就会消除隐患。

捕蝉的技术从哪里来

孔子带领学生出去游学。一天,他们一行人从树林中走出来,这时正是中午时分,于是他们决定在树林边休息一会儿。这时,他们看见一位驼背老头正在捕蝉。他拿着竹竿粘捕树上的蝉就像在地上拾取东西一样自如。

"老先生捕蝉的技术真高超。"孔子恭敬地对老翁表示称赞,然后问道,"您对捕蝉想必是有什么妙法吧?"

"方法肯定是有的,我练捕蝉五六个月后,在竿上垒放两粒粘丸而不掉下,蝉便很少有逃脱的;如垒三粒粘丸仍不落地,蝉十有八九会捕住;如能将五粒粘丸垒在竹竿上,捕蝉就会像在地上拾东西一样简单容易了。"捕蝉翁说到此处将将胡须,严肃地对孔子的学生们传授经验。

"那么捕蝉具体要怎么做呢?"孔子很好奇。

看到孔子和他的学生们都听得很认真,这位驼背老人就接着说:"捕蝉首先要学练站功和臂力。捕蝉时身体定在那里,要像竖立的树桩那样纹丝不动,竹竿从胳膊上伸出去,要像控制树枝一样不颤抖。另外,注意力高度集中,无论天大地广,万物繁多,在我心里只有蝉的翅膀,专心致志,神情专一。精神到了这番境界,捕起蝉来,那还能不手到擒拿,得心应手吗?"

大家听完驼背老人捕蝉的经验之谈,无不感慨万分。孔子对身边的弟子深有感触地说:"神情专注,专心致志,才能出神入化、得心应手。捕蝉老翁讲的可是做人办事的大道理啊！"

🎉 人生箴言

> 运筹帷幄之中，决胜于千里之外。
>
> ——《史记·高祖本纪》。

🕊 成长启示

　　在军营的帐篷里谋划决策，就决定了千里之外战争的
胜负。

锟铻剑与火浣布

周穆王时,国家决定用武力去征讨西部一个少数民族——西戎。这次周朝来势汹汹,西戎的首领觉得自己的国家难以抵御这次猛烈的进攻。因此,他们就主动求和,表示愿意向周朝称臣,从此接受周朝的管理。为了表示诚意,讨好周穆王,西戎首领献上了稀世之宝锟铻剑和火浣布作为贡品。

这一天,西戎国的使者来到了周朝的首都,大家都听说这次西戎进贡的东西非比寻常,都是中原人几乎见不到的,于是有很多人都赶到京城来看。

周王也很好奇,就马上召见了这位使者,在大殿上,周王问道:"我只听说过这两件宝物,从来就没见过,快让我看看吧。"

"是,陛下。"使者说,然后拿出了这两件宝物。只见他的手里拿了一把普通的剑,说,"陛下,这是锟铻剑。"

"这看起来也太普通了。"周王说,"你们不会是在骗我们吧?"

"不,陛下,您听我说,"使者一边说一边抽出了剑,"锟铻剑是用锟铻山所产的纯钢反复锻造而成的,炼钢的温度要达到好几万度。这把剑长一尺八寸,您看,剑刃放射着红光,锋利无比,用它来切削玉石,就像切削泥土一样,毫不费力。"

随后,他又拿出了火浣布,说:

"火浣布更是奇特,用这种布料缝制的衣袍如果穿脏了,洗涤时不是用水而是用火,只要将衣服投进熊熊燃烧的大火中就行。

在火中,布不会被烧掉,会变成火红色,而那些脏的地方会还原成布的本色。等在火里洗好了,将衣袍从火中取出来一抖,整件衣袍就洁白如雪,十分亮丽,又可以穿了。"

"那可真是宝物啊。"大家说,"不过还是要亲自证实一下才好。"

于是,他们亲自试验了一下,果然很神奇,大家都连声称奇,赞叹不已。

这一天,恰好皇太子不在,等他回来,听说了这件事,听完以后,他哈哈大笑:"世间根本不可能有削铁如泥的宝剑和不怕火烧的布袍,凡是说这种话的人都是虚妄的,他们靠传播假话骗人。"

有位大臣那天在大殿上见过这两件宝物,说:"皇太子,这是真的啊。"

"我才不信。"太子说。

"那您去陛下那里看一看吧。"大臣说。

"我不会去的,"太子傲慢地说,"因为根本不可能有。"

大臣回家后,长叹了一口气,对他的妻子说:"我们的皇帝不轻易相信听说的东西,他重视实际经验,这是对的。可是太子虽然不轻信,但是又不愿去实践,真是不如他的父王啊。"

人生箴言

众恶之,必察焉;众好之,必察焉。

——《论语·卫灵公》。

🕊 **成长启示**

> 众人都厌恶他,一定要考察一下(大家都厌恶他的原因);众人都喜欢他,也一定要考察一下(大家都喜欢他的原因)。

周仓打蚂蚁

三国时代,蜀汉的大将关羽,曾经降服了一个叫周仓的山贼。周仓虽然是个山贼,可是没有什么坏心眼。于是,关公命他做自己的侍卫。周仓长得五大三粗,力大无穷,可惜生性粗心大意,不大用头脑,是个头脑简单、有勇无谋的人。关公时常对周仓说:"你是个有勇气的人,但要做成大事,还要有谋略啊。"

周仓虽然表面赞成,但是心里很不服气。他想,自己有那么多力气,还要什么谋略啊。

关公发现了周仓的这种想法,决定有机会要好好教育他一次。

这一天,关公骑马,周仓步行跟随在他的后面,走着走着,两人感觉有些累了,就来到一块树荫下休息。树下有一群蚂蚁在爬,关公便对周仓说:

"周仓,你打这些蚂蚁看看。"

"那还不容易,看我一拳把它们全都打死。"周仓可看不上这一群小东西。

只见周仓伸出拳头，用力往地上一捶，地面被打得凹进了一块，蚂蚁却丝毫没有伤着。他着急了，用更大的力气又捶了一次，痛得他哇哇大叫，蚂蚁还是若无其事。周仓眼见小小蚂蚁都打不死，急得满面通红。关公不禁笑了起来。

关公说："看我的。"只见他俯下身体，伸出食指轻轻一揉，蚂蚁一下死了好几只。周仓看得目瞪口呆，关公便对他说：

"你用了很大的力气，不但没有用，还伤到了自己。我只是轻轻一揉，不费一点力气便成功了。你说，光有力气行吗？"

周仓惭愧地摇了摇头。

关公接着说：

"勇气和力量是很重要。但是，虽然有很大的勇气和力量，还是要懂得运用智慧和谋略，才能做大事，成大器。现在你体会到了吧。"

从此，周仓再也不觉得只有勇气就行了，他注意学习，争取成为一个有勇有谋的大将。

人生箴言

不降其志，不辱其身。

——《论语·微子》。

成长启示

不降低自己的志向，不辱没自己的名声。

焚香邀宠

很久很久以前,有一个国家国君和皇后很不般配。国君身材十分矮小,体态臃肿,五官非常丑陋,塌鼻梁,朝天鼻孔,嘴巴大得吓人,眼睛却小得眯成一条缝,真是奇丑无比。而皇后却是全国最美丽的女子,她柳叶眉,杏仁眼,瑶鼻樱口,身段苗条,可谓是天生丽质、婀娜多姿,对你一笑,你就会忘记人间所有的烦恼。但是她也有一个缺点,那就是她天生没有丝毫嗅觉,闻不到气味,就连香与臭都辨别不出来。

新婚之夜,皇后看到国君后大为失望。"长成这样,实在让人无法容忍啊!"她不禁哭了起来。从此以后,皇后不愿意再见到国君,待在自己的宫殿里不愿出来,也不许国君进来。国君对这位美貌的妻子喜欢得不得了,见妻子坚持不愿意和自己在一起,苦恼极了,只恨自己天生一副丑模样。国君天天冥思苦想,想找到一个办法让皇后回心转意。

一次,国君穿着便服到市场上去,这里人很多,来来往往的人川流不息,叫卖声、讨价还价声响成一片。忽然,一种特殊的气味穿透嘈杂直进入国君的鼻孔。"啊,真香啊!"他不由得用力吸了几口气。他循着香味过去一看,原来是一个西域来的商人正在出售一种名贵的西域熏香。

国君心里盘算着:"我那亲爱的皇后年轻貌美,自然喜欢打扮。这些熏香气味那么好,她一定会喜欢用。买上一些回去,送到她宫里让她闻闻,她肯定会高兴的。只要她高兴,就会和我和好,我们就能幸福地生活了。"国君这么美滋滋地想着,好像就看见娇妻站在眼前对着自己迷人地微笑,他毫不犹豫地买下了熏香。

国君一回宫,就急忙差人把香送到皇后那里,吩咐仆人把香点上。他喜滋滋地等待着妻子笑着来找自己。时间一点一点地过去了,可是皇后并没有来。

国君等不及了,就偷偷来到了皇后的宫殿。还没进去,他就闻到了一股芬芳的异香,让人闻了顿觉神清气爽、精神抖擞。他看到美丽的皇后在窗户边端坐着,一点反应也没有。这时,他才突然想起:皇后是闻不到任何气味的。

人生箴言

见贤思齐焉,见不贤而内自省也。

——《论语·里仁》

成长启示

看见贤德之人,应该学习他的美德,并努力赶上;看见不贤的人,则应以其缺点为鉴,并自我检讨有没有类似的毛病。

第三章
真正战胜自己却不容易

战胜自己。这句话好说,但真正需要战胜自己时,却不容易。

人随时随地都需要战胜自己:战胜自己不良的嗜好,战胜自己鸡肠小肚的算计,战胜自己的无知,战胜自己的虚荣,战胜从自己心灵深处滋生的嫉妒……谁学会了战胜自己,谁便拥有面对客观世界的资格证,获得了迈向幸福生活门槛的通行证。

人为了满足自己不良的欲望,而放纵自己,就会丧失做人的资格,就会失去人性的优美,就会堕落为可怕的野兽,自然就会丢失迈向幸福生活的通行证。

人的一生是兴旺发达还是衰颓败落,这并不完全决定于你自己身处的客观环境如何优越或恶劣,也不完全决定于你面对的人生矛盾是多么的单纯平和或复杂尖锐;而决定于你自己能否正视自己,能否坚持做人的原则,控制住心灵深处私欲的膨胀,能否终生保持一个健康纯朴的心态,能否随时清除心灵的垃圾——战胜自己;随时随地战胜自己对客观世界产生的不恰当要求。心灵的镜面一旦蒙尘,就会杂念丛生,一想十、十想百,欲望的膨胀就会越想越烈、越想越痴。这样一路想来,终是摆脱不了杂念的纠缠,就不能把陈积在心灵的垃圾清除,就会与邪恶共舞。

人丧失了战胜自己的勇气、智慧、能力,自然就会忽视事物的客观性,就会置客观规律于不顾,心中只有自己主观臆想的程序,灵魂就会神差鬼使地被邪恶支配;被杂念纠缠的心灵,总会做掩耳盗铃的傻事,总是在生活中扮演鸵鸟的角色。

当你微笑着走向世界的时候,所有的艰辛和磨难不但不能奈何你,反而更衬托出你那从容不迫的风度。

——读书札记

扬长避短

楚汉之争时,韩信率领数万军队,东经井陉进攻赵国。赵王赵歇、丞丁陈余知道后,立即发兵二十万驻扎在险要的井陉道口。谋臣李左车建议说:"韩信的军队长驱而来,就像锋利的刀口一样锐不可挡,大王不要与他直接交锋为好。请大王借给我三万士兵,从小路去袭击其后方,烧毁粮草,不到十日,韩信的头就可到大王帐下。"陈余反对说:"韩信的军队本来不多,又不远千里来袭击我们,对这样疲备之师,何必用偷袭方法!"赵王拒绝了李左车的建议。

后来,韩信在井陉口大破赵军,活捉李左车,李左车被带上,韩信请他上坐,解开绳索,拜为老师。李左车十分感动。韩信想乘胜进攻北方燕地和东方齐地,征求李左车的意见。李左车说:"败军之将谈不上勇气,亡国大夫侥幸活命。我当了俘虏,哪有脸面与将军一起讨论军事大事!"韩信安慰说:"先生是赵国杰出人才,只是赵王不采纳你的意见罢了。否则,当俘虏的恐怕是我!"李左车见韩信一片真诚,就将自己的想法说了出来。他说:"将军一举攻下井陉,击败赵国二十万大军,威震天下,名扬海内,这是将军的长处。但将军的军队连续行军,已是疲惫之师,很难再远行打仗,这是将军的短处。善于用兵的人不以短处攻别人的长处,而是以长处进攻别人的短处。所以,现在应让将士休息,同时利用战胜后的军威,致书燕、齐,进行政治攻势,使其望风归顺。"

韩信听后,高兴地说:"这正符合我的想法!"

人生箴言

不学自知，不问自晓，古今行事，未之有也。

——王充《论衡·实知》。

成长启示

　　不学习自己就知道，不请教别人自己就明白，从古到今还没有这样的事情。

唯业公羊

有个人将要拜见县令。事先他问县令的随从："县令大人喜欢什么呢？"有人告诉他说："县令最喜欢《公羊传》这部书！"

后来见到县令，叙谈之中县令问他："先生现在读什么书呢？"他趁机答道："专一攻读研究《公羊传》。"县令考问他："谁是杀害陈佗的凶手呢？"这人从来没有读过《公羊传》，一听县令发问，以为是谈论一件人命案，目瞪口呆了半天才说："我这辈子也没有杀过陈佗。"

人生箴言

好问则裕，自用则小。

——《尚书·仲虺之浩》。

成长启示

喜欢提问题，向别人请教就会丰富知识；自以为是，不虚心向人请教的，所得就少。

用兵如神

东汉末年,诸葛亮向刘备提出占据荆、益两州,谋取西南各族统治者的支持,联合孙权,对抗曹操,统一全国的建议,被刘备采纳了。建安十八年,刘备留诸葛亮等镇守荆州,自己领兵进入益州。第二年,诸葛亮领兵来到雒城支援刘备。诸葛亮得知张任是益州名将,便定下计策,决定先捉张任,后攻雒城。诸葛亮乘马来到雒城东面的金雁桥边,绕河看了一遍,回营后便吩咐张飞、赵云、黄忠、魏延等人埋伏在金雁桥附近,以便捉拿张任。

一切安排妥当,诸葛亮便亲自去引诱张任。只见他乘坐一辆四轮车,摇着羽毛扇,带着一队不整齐的人马,迎着张任而来。对阵以后,诸葛亮指着张任说:"曹操虽有百万大军,听说我的名字也望风而走,你是什么人,还不赶快投降?"张任见诸葛亮军伍不齐,便在马上冷笑说:"别人都说诸葛亮用兵如神,原来有名无实!"说着把枪一招,大小军士齐杀过来。诸葛亮弃了四轮,上马退过桥去。张任不知是计,在后面紧紧追赶。过了金雁桥,张任见左右皆有埋伏,知道中计,急回军时,桥已被拆断了,最后终于被张飞活捉。刘备劝张任投降,张任宁死不降,诸葛亮便命人把他杀了。

人生箴言

> 讯问者智之本,思虑者智之道也。
>
> ——刘向《说苑·建本》。

成长启示

> 好发疑问是智慧的根本,勤于思考是增长智慧的途径。

推敲推敲

唐朝时候,有一个读书人,名叫贾岛。有一次,他骑着一匹毛驴赴京都考试。一天夜晚,他路经一个树林,四周十分静寂,树林中有一间寺院,在月色下,景色很优美。贾岛大有感触,诗兴大发,吟出两句非常得意的句子:鸟宿池边树,僧推月下门。

第二天上路,走了一段,他忽然觉得那第二句诗中的"推"字用得不妥当,因为既然在月下,寺门一定已经闭上,那又怎么能推门呢? 这在情理上是说不过去的。于是他想不妨把"推"字改为"敲"字。不久,他又觉得"敲"字也不妥当,因为在那幽静的月下,传来一阵阵的敲门声,大煞风景了。结果,他无法取舍,就在驴背上做起手势来,推一下,敲一下,看哪个字适合。这时,大尹韩愈的队伍从对面过来,贾岛的心思全在诗歌上,本没有注意应当回避,韩愈的左右侍者认为贾岛冲犯朝廷官员,便把他捉到韩愈面前。韩愈问他为什么走路不小心,贾岛知道他是当朝大文学家韩愈,便将自己苦思着"推""敲"二字无法取舍的经过向韩愈说了。韩愈听了,想了一下,对贾岛说:"我认为用'敲'字好些。"后来,韩愈不仅没有将贾岛问罪,还和他一起谈论起诗来了。

人生箴言

入山问樵,入水问渔。

——庄元臣《叔苴子内篇》卷一。

成长启示

到了大山里,就要向打柴的人求教;到了江河边,就要向打鱼的人求教。

秋风扫落叶

东汉末年,豪强争雄,天下大乱。辛毗(字佐治,颖川阳翟人)跟随哥哥辛评在袁绍部下供职。公元 196 年,曹操带兵到洛阳,亲自朝见汉献帝。他借口洛阳破坏太严重,把汉献帝迁到许县(今河南许昌市东),让汉献帝任命自己为司空兼车骑将军。曹操征召辛毗,辛毗不愿俯就。建安七年(公元 202 年),袁绍在官渡被曹操打败后吐血而死,他的统治区由两个儿子袁谭、袁尚接管。袁谭驻守黎阳,袁尚镇守邺城。不久,兄弟二人为争夺统治权互相厮杀起来。一次,袁谭被袁尚打败,郭图对袁谭说:"将军您国小兵少,粮缺势弱,可请曹操相助。"他建议袁谭可以派辛毗去同曹操谈判。辛毗见到曹操,转达袁谭的请求,曹操十分高兴。可是几天后,曹操改变了主意,打算先去攻取荆州,让袁谭、袁尚继续自相残杀,以进一步消耗他们的实力。有一天在酒宴上,辛毗从曹操的神情中觉察到事情变故,就去询问曹操手下的郭嘉,郭嘉报告了曹操,曹操对辛毗说:"袁谭的话可信吗? 我去进攻袁尚,一定能打败他吗?"辛毗回答说:"您不必问袁谭的话是否可信,看看他们的势力就不言自明了。袁氏兄弟互相攻伐,袁谭如今已到了向您求援的程度,他已经山穷水尽了。从袁尚方面来看,由于连年战火不息,士兵疲惫不堪,加上旱灾、蝗灾,饥馑严重,民怨沸腾,这正是灭亡袁尚的绝好时机。"

辛毗进一步鼓励曹操,说:"凭您如此强大的军队,去对付疲惫困顿、走投无路的敌人，打击那些精疲力竭、行将灭亡的贼寇，就像迅猛的秋风扫除干枯的树叶一样。"曹操采纳了辛毗的建议，派兵攻克了袁尚驻守的邺城。

人生箴言

> 洪钟未尝有声，由扣乃有声；圣人未尝有知，由问乃有知。
>
> ——张载《正蒙·中正篇》。

成长启示

> 大钟本身不会出声音，因为人敲击它才发出声音；圣人原来不曾有学问，因为求教才有了学问。

邹忌不受蒙蔽

战国时的齐国。齐威王正在弯弓射箭,想要在群臣面前炫耀自己的箭术,可是羽箭一路歪歪斜斜,挣扎到中途就坠落在地。众大臣面面相觑,齐威王十分尴尬。忽然人群中爆发出喝彩声。众大臣大惊,齐刷刷地回头,齐威王也生气地循声看去。原来是谄臣甲,只见他鼓掌称赞道:"陛下的箭法实在是厉害。大家看这一箭,射得简直神了!"说着跳到插在地上的那支箭前面,"这支箭不偏不倚,正好射在箭眼上,看来陛下是算准了的。"齐威王和众大臣都一脸茫然。一边的谄臣乙也反应过来,连忙跟着应和:"是啊,陛下,臣实在是太崇拜您了,这箭眼可不是人人都能射中的。"

这时,丞相邹忌站出来故意询问谄臣甲、乙何为箭眼。两谄臣语塞,只好胡说箭眼就是射箭者跟箭靶之间距离的中点。邹忌不信,可是齐威王却很高兴,认为两谄臣是他的知音。

齐威王二次开弓,数箭齐发。可结果又是没有一箭是射到靶子上的。齐威王更尴尬了,众大臣也吓得不敢说话。这时,谄臣甲又跳出来大声叫好,说这是一种新的箭术,难度极高。齐威王大喜,夸赞了他们一番。

然后,齐威王带领众臣游园,得意地向大家展示新建的御花园。谄臣甲、乙趁机极尽阿谀之能事,把齐威王捧得飘飘然。谄臣甲怂恿齐威王再造一座更大的园林。这主意遭到邹忌的反对,他认为大兴土木是劳民伤财之举,不是为君之道。齐威王听了很不高兴，拂袖而去。

邹忌苦思良久，终于想出了办法。邹忌追上游园的齐威王，主动向他请罪，并提出让自己讲个笑话，将功补过。齐威王应允了。

邹忌告诉大家，几天前家里来了个裁缝，给邹忌做了一套新衣裳。试衣的时候，裁缝极力夸赞邹忌相貌堂堂，说他比齐国有名的美男子徐公还要英俊。邹忌听了虽然很高兴，但有些不信，于是问夫人，他和徐公比谁美，夫人说当然是邹忌美。邹忌又问丫鬟，丫鬟也说他比徐公美。邹忌很高兴，重赏了裁缝。此时正好一个朋友有事来找邹忌帮忙，邹忌又拿相同的问题问他，朋友说徐公远比不上邹忌英俊潇洒。于是邹忌确信自己真的比徐公英俊。不久，徐公来拜访邹忌，两人一见面，邹忌就被徐公的翩翩风采所折倒，甚至自惭形秽，无地自容。

齐威王和众大臣大笑邹忌没有自知之明。邹忌问大家，为什么裁缝、夫人、丫鬟和朋友都要骗他。谄臣甲说是他们眼睛有问题，谄臣乙说是他们受了邹忌的贿赂，邹忌都摇头说不对。最后，邹忌向大家分析道："裁缝说我帅，是因为他想赚我的钱；夫人说我帅，是因为她爱我；丫鬟说我帅，是因为她怕我；朋友说我帅，是因为他有求于我。"齐威王深以为然。邹忌趁机进谏："我们齐国地大物博，宫里嫔妃侍卫没有一个不想讨您喜欢的；满朝文武没有一个不害怕您的；全国各地的人没有一个不想得到您恩惠的；周围那些弱小的国家没有一个不想向我们齐国求助的。所以，大王受蒙蔽的机会恐怕比我还要多。"

齐威王终于明白了邹忌的苦心，打消了建造新园的念头，并且下令广开言路，重赏谏臣。齐国也因此走上了强国富民之路。

人生箴言

三人行，必有我师焉。择其善者而从之，其不善者而改之。

——《论语·述而》。

成长启示

几个人一起走路，其中必有值得我学习的老师。选择他们的优点加以学习，对他们的缺点和不足，引以为戒，有则改之。

义士情怀

《赵氏孤儿》是一出众人皆知的传统剧目。故事取自发生在春秋晋国时的一件真人真事。

公元前597年,即晋景公三年,大臣屠岸贾专权作难,擅自杀了晋国贤臣赵盾儿子赵朔一家。赵妻是前国君晋成公姐姐,躲入成公宫中,才幸免一死。

赵朔被满门抄斩,引起以韩厥为代表的一批正直官吏的同情,但迫于屠岸贾淫威,都敢怒不敢言。赵朔门客公孙杵臼,偷偷与赵朔好友程婴商量,原来说赵夫人已有身孕,如果有幸生下男孩,一定要设法奉养,将来好为他父亲报仇雪恨!不久,赵妻在宫中果然生下个男孩。屠岸贾闻讯后,立即闯入宫来搜查,企图杀死婴儿,斩草除根。情急之中,赵妻将孩子藏于裤中,暗暗祈求:"如果咱赵家不该灭绝,孩子你就千万别出声!"

屠岸贾卫兵在房内翻箱倒柜地搜索。那赵氏孤儿竟悄无声息,躲过了这一劫难。

程婴得知后忧心如焚,找到公孙杵臼说:"今天屠岸贾这奸贼一次没搜到,必有二次。咱们得赶紧想个脱身救孤的办法才好!"

公孙略一沉思,问程婴:"抚养孤儿和死,你说哪个更难?"

程婴说:"死容易,抚养孤儿要更难些。"

公孙说:"那好。赵氏先人从前有恩于你,你就将这一困难任务承担起来,把抚养孤儿的重任完成好。让我选择容易一点的,我先去死!"

两人于是设法另外弄了个婴儿来,将真的赵氏孤儿从宫中偷偷地转移到别处,然后让程婴出来放风。

"程婴知道赵氏孤儿藏在什么地方,但要一千两黄金。"

当有人将这一情况禀报给屠岸贾后,他很痛快答应了程婴要求。然后程婴领着大队人马来到山中找到公孙杵臼,勒令他交出赵氏孤儿。

公孙杵臼佯装义愤填膺,痛斥程婴,一面冒死护着婴儿。

程婴看着这一切,内心痛苦极了。他知道自己好友顷刻间就要被屠岸贾杀害,血溅山林。但为了完成事先许诺的重任,他强压住自己情绪,咬紧牙关,眼睁睁看着好友公孙杵臼倒在屠岸贾的刀下!

奸贼屠岸贾以为这下将赵家斩草除根了,心里一块石头落了地。他哪里知道,真的赵氏孤儿并没有死。程婴带着他远离人寰藏匿在大山中。十五年后,晋景公了解了真相,严惩了屠岸贾,为赵朔一家平反昭雪,恢复了赵氏在晋国的地位。

程婴见孤儿长大成人,当上晋国大夫,自己重任已经完成,便来和诸位大夫辞行,去履行自己当年的许诺。赵家孤儿得悉后痛哭不已,跪在程婴面前恳求:

"您千万不能这样。我宁愿弃官终身服侍您一辈子!"

程婴说:"当初你家有难,我的许多朋友都为此舍身取义了。我想更重要的事还是重立你们赵氏之后,所以没跟他们一道去舍身。现在他们托咐我的这个重任完成了,看到今天你这个样子非常欣慰,我该到九泉之下去向他们通报!"

程婴于是就自尽了。赵氏孤儿为他服丧三年，专门修建了一所祭祀他的地方，春秋祭享，世世不绝。

这个舍生取义的故事，到了元代，剧作家纪君祥将它搬上舞台，成为名剧，也是我国最先介绍到欧洲的一个悲剧。

人生箴言

律己宜带秋风，处事宜带春风。

——张潮《幽梦影》。

成长启示

检查自己的言行要像秋风那样严厉，待人处事要像春风般温和。

祁奚荐贤

晋国是崛起在齐国之后第二个称霸中原的政治军事强国。可惜，霸业缔造者晋文公，在霸主宝座上只叱咤风云九个年头便撒手人寰。他的几任后继者胸无大志，无所作为，眼看着国运无可挽回地一天天走下坡路。

公元前572年，晋悼公即位。他登基时虽只有十四岁，但决心重振晋国，再铸昔日辉煌，积极选拔人才，整顿吏治，发展生产，得到朝野上下一片拥护。

时任中军尉的晋国大夫祁奚，对新国君这番励精图治，看在眼里，喜在心头，在行动上积极加以配合。公元前570年，他向晋悼公提出辞呈，说自己年纪大了，中军尉这一重要岗位，应该让位给比自己年轻的人，以便发挥更大作用。晋悼公知道祁奚品德高尚，是当时有名的贤大夫，对国家是有过功的，一再地加以挽留。后经祁奚再三请求，陈明利弊，悼公才准了他的请求。

"不过，老先生呀，"晋悼公问，"你走了后，谁来接你的班好呢？"

祁奚胸有成竹地禀报道：

"解狐！"

晋悼公心里咯登了一下。他曾听说，解狐是祁奚的对立面，专门跟他作对，两人像仇人一般连话都不讲。祁老大夫怎么提名他为自己接班人呢？他怕他自己没听清楚，又问了一句："那解狐不是你老先生的对立面吗?"

"尊敬的君主,"老大夫神情坦然地说,"您刚才问臣是谁能接臣的班,并没有问谁是臣的对立面啊!"

祁奚这种不记个人恩怨的坦荡胸怀,和以国家事业为重的大公无私的高尚品德,给新国君留下了深刻印象。晋悼公赞许地点点头。

过了不久,就在解狐将去赴任时,突然身染急症,来不及医治便死了。晋悼公只好又召祁奚来商量。

"真是天有不测风云,人有旦夕祸福。现在该怎么办呢,还得请老先生给推荐个接替你的人!"

祁奚沉思片刻:"那就祁午吧!"

晋悼公皱起了眉头。

"祁午不是你老先生的儿子吗?"

"尊敬的君主,您问臣是谁能接臣的班,可不是问谁是臣的儿子呀!"祁奚这样说着,神情极其坦然,眼睛里闪射出水晶般纯洁的光辉。

这一下,晋悼公对祁奚更加敬重了。

祁奚推荐接班人的事迹传开来后,朝野上下,纷纷赞扬他是位真正的贤人:"无偏无党,王道(指我国古代政治哲学中所谓仁义治天下的政策)荡荡!"

人生箴言

力学而得之,必充广而行之。
——杨时《河南程氏粹言·论学篇》。

🕊 **成长启示**

经过努力学习而获得的知识，一定要拿到更广泛的范围里去加以实践。

🌿 范滂入狱 🌿

说到范滂，得先说说东汉末年的"党锢(禁锢)之祸"。

东汉从光武帝刘秀开始，提倡儒家学说，崇尚气节、操守。在朝在野的，都勇于议论朝政，针砭时弊。但到了东汉末年，宦官专权，朝政混乱腐败，一大批正直的大臣实在看不下去，仍然沿袭着光武帝时的风气，勇于直谏。这就触怒了宦官们，他们以"结党营私、诋毁朝廷、以图谋反"罪，在全国进行了大搜捕。一些被诬陷为同党的人，都遭流放、关押、杀戮，史称"党锢之祸"。公元 166 年，宦官发动第一次"党锢之祸"。公元 169 年，又发动了第二次"党锢之祸"，这一次是彻底的诛除行动，有一百多人被杀，六七百人流放、关押。大书法家、经学家、文学家蔡邕为人正直，敢于抨击弊政，被宦官曹节诬告，结果免官流放。张俭因揭发宦官侯览的罪恶被通缉。他与孔融的哥哥孔褒是好朋友，逃到孔家，被孔融相救，逃出虎口。而孔融与孔褒因窝藏逃犯被抓进监狱。

范滂任清诏使时，是贪官污吏的克星。有一年冀州闹灾，他前

115

往视察。那州官是个有名的贪官,听说范滂要来,吓得丢下大印就逃。范滂在太尉府任事时,曾一次劾奏二十几人,并说:"农夫除草,谷必然长好;忠臣除去奸臣,朝政就可以清明。如劾奏有错,愿被斩首示众。"然而,尽管他"慨然有澄清天下之志",但因时政实在太腐败,宏志难展,范滂毅然辞职回河南老家。河南太守吴导钦佩他的为人,聘他为功曹,主管人事。范滂利用手中的权力,力荐仁义之士,排斥依靠宦官势力混进官府的人。宦官们因此对他恨得咬牙切齿。

公元166年的一天,吴导忽然接到要捕拿范滂的命令,罪名是与李膺等人纠集太学士反对朝廷,蓄意谋反。吴导在内心里也非常痛恨宦官们的胡作非为,他怎下得了手捉拿范滂?他怀揣逮捕令回到家里,夫人见他闷闷不乐,问他原因。他将逮捕令给夫人看,并问:"我决心抗命,夫人能理解我吗?"夫人听了他的话,不但不反对,反而握住丈夫的手说:"我愿与君风雨同舟!"

县令郭揖也接到了命令,他也不愿去抓捕范滂。范滂知道了这些情况,主动跑来县府找郭揖。郭揖见范滂竟然上县府来,非常吃惊:"你怎么还不躲起来?难道不知道朝廷要抓你吗?"

"我知道吴大人和你都不肯抓我,我怕连累你们,所以主动前来投案。"范滂说。

"天下如此之大,何必束手就擒。这官我也不要当了,与你一起远走高飞!"郭揖被范滂的行为感动,将官印取出,丢在桌上,拉着范滂就走。

"不行,我和你逃走了,吴大人逃不出他们毒手。我也不忍心让老母、妻儿跟着我过颠沛流离的日子。我想我一死,这场灾祸兴许就过去了!"范滂力劝郭揖依旧留在任上,也好"有个照应"。

郭揖拗不过范滂,只得含泪给他戴上枷锁,押往京城。

上路那天,全县上万老百姓涌到街上送行,人们一边流泪挥手告别,一边痛骂那些可恶的宦官们。范滂看到这情景,心里非常激动:"我范滂虽然三十二岁就要死了,但死得其所,死得无怨无悔!"

老母亲也赶来送行了。范滂最不忍心看到白发母亲悲痛欲绝的样子,他跪在母亲脚下,流着泪说:"孩儿不孝,不能再奉养您老人家了。"

老母亲深明大义,她强忍着眼泪,将儿子扶起,朗声说道:"儿啊,你今天能和李膺、杜密(皆为反宦官的领袖)一起赴难,就是死而无憾。人生在世,有如此名声,何必求长生!"

在旁的人无不唏嘘落泪。

人生箴言

生而不知学,与不生同;学而不知道,与不学同;知而不能行,与不知同。

————黄晞《警隅子·生学篇》。

成长启示

生活在世上却不知道学习,这与没有出生并无两样;学习了却不能从中懂得一些道理,这与不学习也没什么区别;学到了道理却不能实行,这仍旧等同于没有学到道理。

李白梦醒长安

唐玄宗天宝元年(公元742年)秋天,李白应皇帝征召动身去京城长安,想象着自己从此备受重用,好实现他济世救时、造福黎民的抱负。他觉得前途一片光明,大叫着"天生我才必有用",兴兴头头地骑马离开家乡,奔向长安。

长安是唐朝国都,全国政治文化中心,东西方的交通枢纽。李白骑马经过朱雀门大街,马蹄在石板路面上敲打出清脆悦耳的响声。他怀着喜悦的心情,欣赏着大街两旁的民居、商店和园林,欣赏来自全国各地的官员和客商,来自世界各国的使臣、留学生、商贾和各色艺人。他心想自己已四十二岁了,晋谒君主是晚了些。但傲岸的性格,使他觉得要来京城就应该是官方邀请,现在皇帝连着三次下令征召,看样子可以有机会施展自己的才能了。

马蹄声继续清脆地响着,许久才望见巍峨的朱雀门,望见宫殿棋布的皇城,其雄伟的气势,远远超过自己的想象。朱雀门前车水马龙,有几个内侍前来迎接,说万岁爷已经等急了,要立即召见。李白在内侍的导引下步入九重门,心中的喜悦自不待言。在一所便殿里,他终于见到了六十多岁的唐玄宗。皇上从台阶上走下来,见他品貌不凡,更是敬重,立刻命内侍以七宝床赐食,并且亲自调羹以饮。皇上亲切地说:"李爱卿虽是布衣,但品德高尚,行事正义,朕在深宫,早闻大名!"李白来自民间,不知这种特殊礼遇古来少见,加上颇为自负,并没有感恩戴德伏地行大礼,只是一般地表示敬谢而已。这引起唐玄宗身旁的太监高力士的不满,他平时见到百官进殿,都是诚惶诚恐,还没有见过这样高傲的家伙。而皇上见李白道骨仙风,超逸绝尘,倒是觉得新奇,还向他请教了几件朝政大事,请他当了翰林供奉。从此,他开始陪伴圣驾,专掌内命的侍从生活。

李白走后,皇上问高力士此人如何。高力士轻蔑地说:"一个乡巴佬,不知天高地厚,远不如以前接见过的吴筠、司马承祯等道士言行检点,遵守君臣的大礼。"唐玄宗哈哈大笑:"这你就不懂了!他刚来京城,就引起朝野轰动。几家书坊在赶印他写的《大鹏赋》,就像当年印左思的《三都赋》,洛阳为之纸贵!"力士觉得自己失言,连忙自责无知。唐玄宗意犹未尽,称赞李白的诗写得好,"笔落惊风雨,诗成泣鬼神",嘱咐力士今后对李白要好生照看。

玄宗接见之后,李白顿时信心百倍。他回想二十多年来落魄江湖,风尘满衣,现在见到明主,如同在黑夜中见到光明,决心乘此成就一番事业。然而玄宗在当了三十年皇帝之后,觉得天下太平,百姓安居乐业,已经没有什么忧患了。他深居宫中,终日沉溺于声色,追求享乐生活,早已不愿为国事操劳了。他召李白进京,除了点缀太平、争取人心外,主要目的是想找个高水准的帮闲清客,为宫中接连不断的、花样繁多的宴会填写新的歌词。过去那些陈词滥调,他与杨贵妃早已听厌了。

一天晚上,宫中兴庆池东沉香亭前,牡丹盛开,唐玄宗与杨贵妃中夜赏花,诏选梨园子弟十余人伴奏,国手李龟年手执檀板止想高歌,皇上说:"赏名花,对贵妃,岂能用旧歌词?"随即宣召翰林供奉李白,立即进《清平调》三章。当时李白因赴宴饮酒大醉,进宫后

酒犹未醒,皇上命纳履,李白竟举起脚来叫高力士脱靴。随后援笔一挥而就:

> 一枝红艳露凝香,云雨巫山枉断肠。
>
> 借问汉宫谁得似? 可怜飞燕倚新妆。

玄宗命梨园弟子伴奏,李龟年歌唱,自己照着曲谱吹玉笛,劝杨贵妃饮西凉葡萄美酒,一夜尽兴。

高力士从小侍奉玄宗,玄宗称他为老奴,太子称他为二兄,王侯称他为阿翁,而今天李白竟敢命他脱靴,这口气实在难咽,含恨心中,便向贵妃进谗言,说李白将她比作汉宫中的赵飞燕,使皇帝神魂颠倒,此言是欺君犯上! 不久,李白就被赶出宫来。

李白这一下从狂喜和迷梦中清醒过来,抛弃对皇帝的幻想,从此不再写那些粉饰浮辞。他觉得唐玄宗像昏聩的"楚怀王",杨贵妃简直就是灭纣的"妲己",而朝廷显贵则是一些"蹇驴"、"苍蝇"。他们醉生梦死,过着荒淫的生活。而李白却再不愿与他们同流合污,更不能"摧眉折腰事权贵",他决心要回到民间,回到江湖上去了。

人生箴言

青春虚度无所成,白首衔悲亦何及。

——权德舆《放歌行》。

成长启示

> 青春时光白白地度过一事无成,到白发苍苍的时候心里再悲伤又有何用呢? 衔悲:心里悲伤。

汤显祖落第不落志

汤显祖自小聪慧,五岁就能作对子,有"一目十行,过目不忘"的过人天赋。上学后,每次考试,都是榜首。二十六岁出诗集《红泉逸草》,以后又陆续出了《雍藻》、《问棘邮草》等诗集。徐文长读了他的诗后,在诗集卷首题:"此牛有万夫之禀。"盛赞其天资聪颖。

明万历五年,汤显祖二十七岁,他与好友沈懋学两人进京考试,住在北京东单裱背胡同的旅馆里。一天,一位贵客登门,此人名张居谦,是当朝首辅张居正的亲戚。见到汤显祖和沈懋学,他就说:"丞相大人非常赏识你俩的文才,愿意收你们为弟子,特意要我来邀请你们去相府作客。"从来都是考生想方设法拜谒考官的,能见到丞相大人那更是求之不得了。可汤显祖觉得其中必有蹊跷,当场就谢绝了张居谦的邀请。

沈懋学平日也自视清高,爱谈"侠义"、"节操",但这个关键时刻却在肚子里打起了小九九,他对汤显祖说:"我们在考前去拜见门师,是历来的规矩,有何不可?"而汤显祖却认为:"我们在考前投到丞相的门下,将来考官在录取时,必然会买他的面子。我们即便考上了,也很不光彩。"

沈懋学只好一人拿了文章去见张居正。

这张居正是堂堂的丞相,为何屈尊来请汤显祖和沈懋学? 当然事出有因。明神宗当太子的时候,张居正是他的老师。明神宗登基后,张居正自然得以重用,任当朝首辅。张在当时还是改革派的代表人物,有"中兴重臣"之美誉。他与海瑞是同时代的,海瑞在淳安做知县的时候,张居正已是京师重臣,对海瑞的为官之道十分赏识,曾竭力举荐海瑞,可见他也应排入清官之列。但他碰到自己家的事,也很难做到无私了。

张居正的第二个儿子张嗣修这一年也要参加考试。张嗣修文才平平,而张居正又很想录取他。本来以张的权势,通通关节,也是可以办到的,但张又想做得冠冕堂皇些。有人给他出了个主意,找两个有名的才子和嗣修一起参加考试,让他们中状元、探花,而只让嗣修名列榜眼,这样,天下人就不会说三道四了。

张居正觉得这办法不错,立即派人打听,了解到考生中汤显祖和沈懋学是最有才华的,张居谦又刚好认识他俩,因而就有了前面的拜访。

沈懋学跟着张居谦去了丞相府,汤显祖一个人留在旅馆,仍然安心看书,准备考试。过了不久,张居谦又上门来了。他对汤显祖说:"丞相看了懋学的文章,很为欣赏。他听说你的文章在懋学之上,你带文章去见他,定能得到青睐。"这一回,张居谦把话说得再明白不过了。汤显祖一听,心里清楚,只要自己去见丞相,考上是不成问题的。

但他不愿这样做。从少年时代开始,他的家教和师教,铸成了他正直诚实、极度鄙夷趋炎附势的个性。他的老师徐良傅,因反对皇帝沉湎于仙道方术,耗巨资修建"迎仙宫"而被罢官。另一老师罗汝芳,是个颇有"侠义"之风的人,为人正直、讲气节,总是谆谆教导汤显祖:"为人要正,为官不能贪,不能酷。"

汤显祖对张居谦说:"小生非常感谢丞相的厚爱,但我现在要忙着准备考试,待以后有机会定去拜访。"

"你也真迂! 你去,说不定就让你中状元了。"

"正因为这样,我才不去。我不愿做假状元让天下人耻笑。"汤显祖一口回绝。

张居谦讨了个没趣,悻悻回丞相府汇报去了。

自然,这一年,沈懋学中了状元,张嗣修中了榜眼,而最有才学的汤显祖却名落孙山。

落榜,是在汤显祖的意料之中,他一点都不后悔。

过了三年,他又进京考试。谁知,这一次又碰到张居正的长子、三子考试。三年前的一幕再次发生,汤显祖仍然敬谢不敏,回话说:"我不能自辱失身!"桀骜不训的汤显祖再次落第。

一直到万历十一年,张居正病故后,汤显祖才中了进士。

汤显祖虽多年落第,却完善了自己的人格。

人生箴言

> 黄河清有日,白发黑无缘。
>
> ——刘采春《罗嗊曲诗》之五。

成长启示

> 黄河还有浊水变清的那一天，可是人一旦白发长出来，想再度变黑却是不可能的。

追求真理的斗士

明朝万历三十年（公元1602年），七品小官张问达的一道弹劾李贽的奏章，竟惊动了近年来已少问政事的万历皇帝朱翊钧。他赫然震怒，当下提笔御批："严拿治罪……其书籍已刊未刊者……尽行烧毁，不许存留！"

此时的李贽，从姚安知府任上辞官归田已二十余年，已是个七十五岁高龄的老人，正养病于河北通州。奏章上说"通州离京都仅四十里，倘一入都门，招致蛊惑，后果不堪设想"。一个早已退出政坛的衰迈老人，为何令朝廷上下如此惊恐不安呢？除掉种种诬蔑构陷之罪，奏章中所称刻书"流行海内，惑乱人心"，倒是招出了问题的要害。李贽思想的光辉，烛照出了这垂危社会的痼疾，给走向没落的王朝构成了极大的威胁。

《焚书》、《续焚书》、《藏书》、《续藏书》——李贽这些怪异的书名正寓示着其思想的叛逆性：它们不可能为当世所接受。在这些著述中，他反对迷信孔子，反对以经书开科取士：两汉以来都以孔子的是非观来判定是非,所以没有是非。他抨斥根深蒂固的男尊女卑观念:人可以分男女,见识不能分男女;见识有长短,但不能说男人见识都长,女人见识都短。他揭穿"存天理,灭人欲"的宋明理学之说的虚伪:"夫私者,人之心也","谓圣人不欲(不想要)富贵,未之有也"……凡此等等,是何等的离经叛道,然而又闪烁着真理的光辉!

李贽在宦海中沉浮,在人生苦难中挣扎,看透了封建传统的荒谬和假道学的伪善。他毫不隐讳地直抒己见,毫不退缩地做他认为正确的事。为此,他得罪了一个个好友、高官,仕途坎坷;他生计艰难,七个儿女六个夭折;他四处遭受攻击,连住所也被人烧掉。但他从不动摇。他的著述不胫而走,人们竞相传抄、刊刻,陕西、山西、山东、安徽、福建……到处都有他的刻本行世,总计"不下数十百种"。这就是真理的威力。

龙颜的震怒,也难说不在他意料之中。锦衣卫的差人从京城赶来拘捕他。听着杂乱的脚步声,看着门人慌乱的神色,问明了是锦衣卫来人,他立刻知道是为什么来的。已经卧病三月的李贽,奋力挣扎着爬下床来,大声喊道:"那是来抓我的,快拿门板来抬我去!"他镇静地躺在门板上,在差人的押解下进了京城,下了监狱。一路颠簸,一路昏迷,李贽的身体已经十分虚弱了。升堂时他是由差人架上堂、卧于阶上受审的。但是面对"为什么妄自著书"的审问,他打起精神,铿然作答:"我写的书很多,都在,尽可以审查,对人们只有好处,没有坏处。"顶得审判官员无话可说,审完了也没作任何结论。李贽无所畏惧,作诗明志:"名山大壑登临遍,独此垣中(指监狱)未入门"——把入狱与登山并提,寄寓着他对封建囚笼的蔑视:"志士不忘在沟壑,勇士不忘丧其元。我今不死更何待,愿将一命归黄泉"——作为志士、勇士,他已把生死置于度外了。

审讯抓不住有力的罪证,呈报到皇帝那里久久没有批复,李贽的身体日益虚弱。他自知来日无多,决心以一死相抗争。一天他要人给他剃头,乘机夺过剃刀自割其喉。一个反封建的斗士,就这样走完了他英勇抗争的一生。

李贽辞世了,他的书在明代两次查禁,清代也列入"禁毁书目"。长达数百卷的《明史》中没有他的传记。《四库全书·总目提要》中还咬牙切齿攻击他"罪不容诛,其书可毁,其名亦不足以污简牍"。但是真理是封锁不住的,无论李贽生前或死后,其书都广泛流传,"人挟一册,以为奇货"。李贽的思想直接影响了明末清初黄宗羲等伟大的启蒙思想家,启迪了一个时代。

人生箴言

谨于言而慎于行。

——《论语集注》。

成长启示

说话要严谨,行动要慎重。

习惯的力量

在两百多年前的清朝,有一个名叫刘蓉的人,他在当时是比较有名的官员,曾经做过陕西地区的最高长官。

刘蓉年轻的时候,读书非常用功。他总是喜欢一个人静静地呆在屋子里面,专心致志地读书,遇到看不明白的地方,就会向窗外看看,思索一下。一时想不起来问题的答案时,他就站起来,舒展一下身体,在屋子里面踱来踱去。

当时的屋子不像现在这样,四处都铺着地板,光滑得可以照出人的影子来。那时的地面都是泥土的,不是很平整,也不是很干净。如果雨天进了水,地面就变得泥泞了。

刘蓉读书的屋子里面的地面就是这个样子,而且还有一个直径一尺左右的凹坑,由于人经常在上面走,使得它逐渐变大变深。刘蓉每次经过这里,脚都要被绊一下。特别是在他思考问题的时候,一不留神就会摔个大跟头。起初他觉得很别扭,但是因为忙着读书,也就没有机会整理这个地方。后来时间一长也就习惯了,再走到那里的时候,自然会抬起脚来迈过去。

一天,刘蓉的父亲来到刘蓉读书的这间屋子,检查一下孩子的读书情况。刚进来的时候,父亲还能注意到那个凹坑的地方。等坐下来,与刘蓉交谈了一会儿后,刘蓉的父亲感到十分开心,因为刘蓉进步得十分迅速,大大地出乎他的预料。父亲觉得自己的辛苦没有白费,儿子真的很争气。于是,在鼓励儿子几句话后,不想再耽误儿子的读书时间，要回去忙自己的事情去了。可是，由于这样一段时间的交谈，刘蓉的父亲忘记了地上的凹坑，一不小心，就摔在了那里。刘蓉吓了一跳，赶快把父亲搀扶了起来，仔细检查了一下，幸好父亲没有受伤。

这时，父亲开玩笑地对儿子说："你连一间屋子都治理不好，还能治理好一个国家吗？既然你已经有了将来要为国家效力的志向，就应该从小事做起呀！"为了避免出现别人也摔倒的情况，父亲嘱咐仆人取来土，将坑洼的地方填平了。

父亲走后，刘蓉久久无法平静下来，父亲的话在刘蓉心里引起了很大的感触，这促使刘蓉更加努力地读书。

一天，刘蓉为了思索一个问题，又在屋子里面走来走去，走到原来的凹坑处，脚一踏，突然感到地面凸起来一块，大吃一惊。低头一看，原来地面已经是平平坦坦的了。他疑心自己的感觉，为什么平坦的地方自己反而觉得不舒服呢？于是重新从那个地方走过，仍然像刚才那样不舒服。就这样，他别别扭扭地走了许多天以后才安稳下来。

后来，刘蓉感慨地说："习惯对于人的影响实在是太大了！脚本来适于走平地，不适于走洼地。可是经常走在坎坷不平的道路上，就会觉得坑洼是平地，不需要用眼睛注意到地面，就能顺利从洼地上走过去。等到把洼地填平了，再从上面走过的时候，反而觉得磕磕碰碰的，心里不安宁。看来一个人的习惯可以改变一个人的性格啊！"

人生箴言

过而不改，是谓过矣。

——《论语·卫灵公》。

成长启示

有了错误而不改正，这便真叫错误了。

第四章

有趣是收获　艰难是付出

人,活在这个世界上,既有趣,也艰难。

有趣,是对于生活的追求和获得。当你在襁褓中的时候,你渴望能爬、能站起来;当你颤颤巍巍立定在这个世界上的时候,你又想能迈步、能走路;然后你又希望能跳、能跑。人的一生,就是在一个欲望接着一个欲望,一个目标接着一个目标的驱动下,有意识也好,无意识也好,孜孜不倦,奔跑不已的过程。

有趣,是收获;而艰难,是付出。

"无论那欲望或是目标,定义为高尚的,邪恶的,伟大的,渺小的,哪怕或者仅仅是为了最狭义的生存而苦苦挣扎;也无论其目的,在于追求在于获得,或者根本无所谓追求和获得,只是浑浑噩噩。总之,每个人都活得满有滋有味的,而且觉得往前走去,下一步要比这一步大概更有奔头。所以,真正活腻了,活够了,再也不想活的人,还是极少的,否则,自杀该不是个别现象了。

虽然,在路的尽头,并不总有鲜花、彩带、掌声和笑脸在等待着他，甚至连道一声平安也不可能，而面临着灭顶之祸，弄不好要送命。但人也怪，好像为此望而却步者也不很多。因为谁也不能完全把握未来，保证绝对的成败输赢。因为明天有许多不可知的变化，即使胜利在望，顷刻间却全军覆没；眼看走投无路，也许绝处逢生。放眼未来，可能和不可能，永远各占百分之五十。人的可贵，就在于对这一半的机会，也仍然寄予希望，兴致勃勃地往前进。

既然生活中不能人人有创新，时时有创造，那么，就不能轻视模仿。模仿毕竟能够帮助我们提高，帮助我们丰富，帮助我们把生活变得更有光彩。

——读书札记

唐太宗纳谏求真

在唐太宗李世民当政的二十多年里,政治开明,国力强盛,百姓过着安定殷实的生活。唐太宗之所以能把国家治理好,除了用人注重德才兼备、自身颇有雄才大略外,最为重要的一点就是善于纳谏,并由此获得了中国历史上"最善于纳谏的皇帝"之美誉。

由于唐太宗鼓励进谏,并强调谏者无罪,因此朝廷中出现了一大批敢于直谏的大臣:贞观前期著名的如魏征、杜如晦、房玄龄等;后期著名的有马周、刘泊、褚遂良等。在众大臣中,最具有代表性的就是魏征,他总是不断地向唐太宗进谏,而且经常据理力争,丝毫不相让。唐太宗对他特别敬重,经常把他召进宫中,单独听取他的意见。

那时,朝中一位大臣有个才貌双全的女儿,唐太宗一心想把她选入宫中,并已登记入册。可是,这位姑娘已与人订婚,有了婆家,但也没法,既然被选入皇宫,谁敢说个不字?魏征闻知此事后,急忙劝谏唐太宗:"皇上身边嫔妃成群、美女如云,应该想想平民百姓是否都有个家。"

唐太宗一时没听明白,好奇地问道:"你到底想说什么啊?"

魏征这才挑明来意,说:"人家的姑娘已许了婆家,皇上却要夺为己有,这岂是一个英明的君主所能做的事?"

唐太宗听了魏征的话,自认不是,并立即下诏,从嫔妃名册中划掉了那个姑娘的名字。

有一次上朝，魏征因为一件事情与唐太宗争辩起来，弄得唐太宗面红耳赤。回到后宫，唐太宗十分生气，真想一声令下，将魏征推出去斩了。长孙皇后知道后，不声不响地走进内室，换了一套朝见皇帝的正规礼服，走到唐太宗面前，并恭恭敬敬地向唐太宗跪拜。唐太宗被弄糊涂了，问她这是干什么。

长孙皇后说："恭喜皇上，我听说有英明的君主，就有敢于直谏的大臣。如今魏征犯言直谏，正说明了皇上的英明，所以特以此礼向皇上表示祝贺。"

唐太宗听了长孙皇后的一席话，立即转怒为喜，也明白了皇后的良苦用心，对魏征更加敬重了。他常常在大臣们面前夸奖魏征说："人家都说魏征性情暴躁，举止粗鲁，我看这正是他忠厚可爱的地方。"

公元643年，魏征病重，唐太宗每天都派人去看望他，还随时就国事向他征求意见。不久，魏征去世，唐太宗亲自前去吊唁。过后，唐太宗在百官面前哀叹道："以铜为镜，可以照见衣帽是否端正；以史为镜，可知国家兴衰；以人为镜，可知自己行事是否正确。如今魏征去世，使我少了一面明察得失的镜子。"

人生箴言

非我而当者，吾师也；是我而当者，吾友也；谄谀我者，吾贼也。
——《荀子·修身》。

成长启示

> 指责我而且指责得恰当的人是我的老师;赞同我而且赞同得恰当的人,是我的朋友;阿谀奉承我的人,是我的敌人。

诸葛亮谦恭听意见

在诸葛亮的辅佐下,刘备建立了蜀汉政权。但建国三年,刘备就去世了,传位给他的儿子刘禅。刘禅虽贵为君主,但蜀汉的大小政事都是由丞相诸葛亮全权负责。诸葛亮深知即使自己拥有满腹学识,可单凭一人之力是无法治理好蜀汉的。所以,他并不居功自傲,而是经常注意吸取众人的意见,以完善自己的思路。

诸葛亮初占益州时,董和曾协助他处理日常军政要务。董和为人直率,在处理日常公务时,常抱着知无不言的态度,一遇到与诸葛亮有不同意见的情况,就开诚布公地提出来,一点都不介意旁人对自己的闲言碎语。一次,董和为坚持自己的观点,竟与诸葛亮激烈地争辩起来,人们都替直言不讳的董和捏了一把汗。可万万没想到,诸葛亮不仅没有责备董和,反而赞扬他做事认真,一丝不苟。同时,诸葛亮还告诉身边的人,做事就要像董和那样,要敢于陈述自己的想法。

丞相诸葛亮对蜀汉政务必定亲自处理的情况,令丞相府中办理文书的主簿官杨颙有了意见。杨颙认为诸葛亮什么事都要亲自过问，一是会分散治理军政大事的心思；二是会限制别人的思路。杨颙还对诸葛亮说，处理政事应该有不同的分工，这样既节省了时间，又能集众人才智于一家。

诸葛亮听了杨颙的建议，立即实施，效果果然不错，他非常高兴。为了鼓励下属继续参与政事，诸葛亮还写了一篇文告，号召大家主动发表政见。诸葛亮提出：丞相府里让大家都来参与议论国家大事，是为了集中众人的智慧和意见，广泛地听取各方面有意义的建议，才能取得更好的效果。

人生箴言

亡羊而补牢，未为迟也。

——《战国策·楚策》。

成长启示

羊丢失了以后赶快去修补羊圈，还不算太晚。

曲突徙薪

从前,有个人到朋友新盖的房子做客。房子盖得非常宽敞明亮,只是厨房还没有安排好。主人很热情,要招待他吃饭。

主人做饭的时候,客人看到主人家的灶旁堆放了不少柴火,灶的烟囱也是笔直笔直的,就对主人说:"你家的厨房应该改造一下。烟囱应该改成弯曲的,灶旁的柴火也应该搬开,放在远一点的地方。"主人问道:"为什么要我这样修改呢?"客人回答道:"因为像现在这样的情况,很容易发生火灾。"主人听了,心想,今天我家新房子竣工,你却对我说这些不吉利的话,真的是太没有礼貌了。所以,他没有回答客人,也更没有按照客人的话去改造厨房。

过了不久,主人家果然失了火,左邻右舍立即赶来,有的浇水,有的撒土,有的搬东西,大家一起奋力扑救,大火终于被扑灭。除了将厨房里的东西烧了一小半外,总算还没有酿成大祸。

事后,主人觉得他的新房子之所以没有太大的损失,多亏了邻居们的大力帮忙。为了酬谢邻居们的全力救助,他杀牛备酒,摆了好几桌子的酒席,请邻居们都来吃饭。席间,主人热情地请被烧伤的人坐在上席,其余的人也按功劳大小依次入座。他请了这么多的朋友,却没有请当初建议他改造烟囱、移走柴火的朋友。

正当大家高高兴兴地吃着喝着的时候,忽然有人注意到了这一点,就提醒主人说:"您今天请来了这么多的人,怎么不见那位让你改造烟囱和移走柴火的朋友呢?要是当初您听了那位客人的劝告,改建烟囱,搬走柴草,就不会造成今天的损失,也用不着杀牛买酒来酬谢大家了。现在,您论功排席,怎么可以忘了那位事先提醒、劝告您的客人呢? 难道提出防火的没有功,只有参加救火的人才算有功吗? 我看哪,您应该把那位劝您的客人请来,并请他上座才对呀!"

主人听了,赶忙把那位客人请来,不但说了许多感激的话,还真的请他坐了上席,众人也都拍手称好。

没有多久,主人新建厨房时,就按那位客人的建议做了,把烟囱砌成弯曲的,柴草也放到安全的地方去了。

人生箴言

> 白日急于水,一年能几时。
>
> ——于武陵《客中览镜》。

成长启示

太阳运行,就像顺流而下的流水一样迅疾,一年的时间能有多长?

不为左右袒

　　吕后,名雉,是汉高祖刘邦做平民百姓时所娶的妻子,生下刘盈,就是后来的汉惠帝。刘邦做汉王的时候,得了戚姬,很是宠爱,戚姬生了赵王如意。刘盈为人仁爱懦弱,刘邦认为不像自己,常常想废掉太子,改立戚姬的儿子为太子,因为如意像自己。全靠大臣们的反对,留侯张良用计保全,太子才没有被废掉。

　　吕后为人刚强心狠。汉朝初年诛杀功臣韩信、彭越等人,大都是吕后出的力。

　　刘邦死后,太子刘盈做了皇帝,吕后掌握了朝廷的实权,就把戚夫人囚禁起来,又派人召赵王如意来京城,想把他们一起杀掉。汉惠帝心慈友爱,知道太后心怀忌恨,就亲自到灞上迎接赵王,一同入宫,起居饮食都在一块儿,吕后想下毒手也找不到机会。有一天早晨,汉惠帝出去射箭。赵王年小,仍在睡觉,吕后钻了这个空子,派人毒死了赵王。吕后又派人毒哑了戚夫人,把她斩掉手脚,挖去眼睛,割去耳朵,叫做"人彘",放在宫旁的小屋里。过了两天,吕后叫汉惠帝去看"人彘"。汉惠帝一盘问,才知道那是戚夫人,就大哭起来,从此惊忧成病,卧床不起。他派人对吕后说:"这不是人所干的事!可我是太后的儿子,再也无法治理天下了。"

　　汉惠帝死后,吕后临朝称制,做了实际上的女皇帝,封长兄吕泽的儿子吕产为吕王,做太傅,封次兄吕释之的儿子吕禄为赵王,做上将军,分掌关中南军和北军。还封了吕姓亲属多人为诸王侯,封妹妹为临光侯,子侄吕通为燕王,吕庄为东平侯,吕荣为祝兹侯,吕他为俞侯,吕更始为赘其侯,吕忿为吕城侯,吕种为沛侯,吕平为扶柳侯……刘氏的天下便渐渐转入了吕氏的手中。

吕后死后,吕产、吕禄阴谋利用关中兵权发动政变。丞相陈平、太尉周勃都是汉高祖时代的老臣,对于吕后分封吕氏家族为诸侯王的事,碍于吕后当朝,他们嘴上不敢说什么,心中却是反对的。吕后已死,他们就没有什么顾忌了。他们在暗中商议说:"当初高祖杀白马歃血为盟'非刘氏而王,天下共击之'。我们难道忘了吗?"于是他们设计骗取了吕禄的将军,周勃进入北军军门,在军中下令道:"为吕氏者右袒,为刘氏者左袒!"命令一出,将士们全部左袒——解开左边衣服,袒露左臂。周勃便成为北军的统帅。与此同时,朱虚侯刘章在宫中伏击,杀死吕产,夺过了南军。接着,周勃指挥军队搜捕吕氏。吕禄被斩首,吕氏诸侯王和权贵,被杀的杀,废的废,全部清除。大臣们经过一番商议,迎接刘邦的独生子代王刘恒回京继承皇位,就是汉文帝。

后来,人们形容偏护某一方,就叫"偏袒"或"袒护"。坚持公正态度,不偏袒任何一方,就叫"不为左右袒"。

人生箴言

贫而无谄,富而无骄。

——《论语·学而》。

成长启示

> 贫穷时对富人不要谄媚,富贵时对穷人不要骄横。

山鸡起舞

山鸡天生丽质,浑身都披着五颜六色的羽毛,在阳光的照耀下光彩夺目,叫人赞叹不已。山鸡也很为这身美丽的羽毛自豪,非常地怜惜自己的容貌。它在山间漫步的时候,只要来到溪水边,瞧见水中的影子,就会翩翩起舞,一边跳舞一边高傲地欣赏水中自己那绝世无双的舞姿。

三国时,一代枭雄曹操在北方当政的时候,有人从南方献给他这样一只山鸡。曹操十分高兴,便召来了有名的乐工,奏起动听的曲子,好让山鸡闻歌起舞。乐工卖力地又吹又打,可是山鸡却一点都不买账,充耳不闻,既不唱也不跳。曹操又命令侍从们拿来美味的食物放在山鸡面前,山鸡连看都不看,无精打采地耷拉着脑袋走来走去。就这样,大家想尽了办法,使尽了手段,始终都没办法逗得山鸡起舞。

曹操非常地扫兴,气恼不已,便斥责手下人说:"你们这么多人,连一只山鸡都对付不了,还怎么治理国家,建功立业!"

曹操有一位十分钟爱的小儿子,名叫曹冲。曹冲自幼聪明伶俐,博览群书,见识渊博。这时候,他动了动脑子,有了主意,于是就走上前对曹操说:"父王,儿臣听说山鸡一向为自己的羽毛感到骄傲,所以一见到水中有自己的倒影,就会跳起舞来欣赏自己的美丽。何不叫人搬一面大镜子来放在山鸡面前,这样山鸡顾影自怜,就会自动跳起舞来了。"

曹操听了拍手称妙,马上叫人将府邸中最大的镜子抬过来,放在山鸡面前。

山鸡慢悠悠地踱到镜子跟前,一眼看到了自己无与伦比的丽影,比在水中看到的还要清晰得多。它先是拍打着翅膀冲着镜子里的自己激动地叫了半天,然后就扭动身体,舒展步伐,翩翩起舞了。

山鸡迷人的舞姿让曹操看得呆了,连连击掌,赞叹不已,也忘了叫人把镜子抬走。

可怜的山鸡,对影自赏,不知疲倦,无休无止地在镜子前拼命地又唱又跳。最后,它终于耗尽了最后一点力气,倒在地上死去了。

人生箴言

不临财,不见义士之节。

——林逋《省心录》。

成长启示

不面对金钱的诱惑,不能显示道义之人的节操。

改过自新

汉朝初年,临淄有个名叫淳于意的人,他从小就喜欢钻研医术,曾向名医公乘阳庆学习。公乘阳庆那时已七十多岁。他没有儿子,就把自己珍藏多年的秘方和黄帝、扁鹊的脉书都传给了淳于意。淳于意有高师指点,医术越来越高明。三年后,他为人治病,手到病除,许多人慕名前来求医。但淳于意却不像扁鹊那样尽心尽力为人治病,他喜欢在达官贵人中间周旋,常常不在家,病人找他找不到,有时找到他,他也不愿为人治病,所以许多病人都对他有意见。

后来,淳于意被人告发了。官府把他抓了起来,押解长安。他的五个女儿见父亲被抓,就跟在后面嚎啕大哭。淳于意又急又恼,骂道:"我只有女儿,没有儿子,现在遇到急事,也没有人能替我解救。"

淳于意的小女儿缇萦听到父亲的话非常伤心,决心要救父亲。她一直跟着父亲来到长安,写了封奏书给汉文帝,信中说:"我的父亲做官的时候,当地人都称赞他廉洁,做事公平。现在他犯了法要受刑,我痛切地感到,一个人死了再也不能复活,受了刑伤残了身体也再不可能复原,虽然有改过自新的愿望,也无济于事了。为了使父亲有改过自新的机会,我宁愿进官府当奴婢,替父亲赎罪。"

汉文帝读了缇萦的书信,为她的一片孝心所感动,就下令赦免了淳于意的罪过。

人生箴言

相在尔室,尚不愧于屋漏。

——《诗经·大雅·抑》。

成长启示

看你独自处于室内,做事无愧于神明。

愚公之谷

齐桓公出外打猎,追逐一只鹿跑进了山谷中间,看见一个老公公,便问他说:"这叫什么山谷呀?"老公公回答说:"叫愚公山谷。"齐桓公又问道:"什么原因?"回答说:"因为我的缘故才如此称呼的。"桓公又问:"现在我看老公公的仪表容貌,并不像一个愚笨的人呀,为什么要称它作愚公之谷呢?"老公公回答说:"请让我向您陈述:我过去养着一头母牛,生下一头小牛仔,长大了,便把它卖掉买了一匹马驹。但是有一个年轻人对找说:'牛不能生下马来!'说罢就把马驹牵走了。旁边住的邻居们听说了这件事,都说我愚笨,从此就叫这山谷为愚公之谷了。"桓公听后也说道:"老公公你可实在是太愚笨了,为什么要把那匹马驹白送给那年轻人呢?"齐桓公就回去了。

第二天早朝,齐桓公就把这件事告诉了管仲。管仲一听,立即整了整衣领一再揖拜着说:"这便是我的愚笨啦! 如果尧帝在位,皋陶为狱官,怎么能允许有人随便取走人家的马驹呢? 如果也有这样一个老头被人害了,老头必定不会把马驹交给那年轻人的。这位老公公因为知道当前的狱讼之风不正,所以才让那年轻人白白地牵走了他的马驹呀! 请您准我回去修明政治吧!"

人生箴言

处显而修善，在隐而为非，是清旦冠履，而昏夜保跣也。

——刘昼《刘子·慎独》。

成长启示

处在人前时做好事，到了没人处就做坏事，这就如同清晨、白天戴着帽子，穿着鞋子像个正人君子一样，而到黄昏、黑夜便光着头、赤着脚毫无庄重之形。

与民偕乐

有一次，孟子去朝见梁惠王。他去的时候，梁惠王正在御花园里观赏鸟兽游鱼。孟子看到梁惠王兴味正浓，不便打扰，也就站在一旁观赏，梁惠王回过头来对孟子说："有道德的人也喜欢享受这种快乐么？"

孟子回答说："有道德的人，才能享受这种快乐；没有道德的人，是无法享受这种快乐的。"

梁惠王问："这句话怎么讲呢？"

孟子说："《诗经·大雅·灵台》中说：周文王修建灵台'经之营之，庶民攻之。'要知道：在修建的过程中，周文王是很会经营筹划的。他常常对百姓说：'慢慢修吧，大家不要着急。'可是百姓听了，觉得文王很关心他们，反而十分卖力地干，灵台很快就修好了。灵台修好之后，里面养着油光水滑的麋鹿、羽毛洁白的飞鸟；池塘里养的各种鱼鳖非常活跃。周文王一进入灵台，就感到非常快乐。故'古之人与民偕乐，故能乐也'"。

梁惠王听了，默然不语。

人生箴言

白圭之玷，尚可磨也，斯言之玷，不可为也。

——《诗经·大雅·抑》

146

🕊 **成长启示**

> 白玉上的瑕疵，还可以磨去;说话错误，却是不能修正的。

🌿 唇亡齿寒 🌿

　　春秋时期,秦国的国君秦穆公比齐桓公更有手腕,不但肚量大、毅力强,而且深沉稳健。秦穆公一向埋头苦干,也不跟中原诸侯尔虞我诈。他认为要做大事,仅凭一两个人的力量是不够的,还得有精英分子从旁协助,于是他殚精竭虑网罗天下的人才,他第一个找到的人物是百里奚。百里奚和宁戚一样,原是替人家牧牛的,秦穆公却延请他为相。

　　百里奚是虞国人(虞国,在山西省平陆县东北,在三门峡附近),他去找蹇叔,蹇叔引着他去见大夫宫之奇。宫之奇请他们留在虞国,还说他一定介绍他们去见虞君。蹇叔摇了摇头,说:"虞君贪爱小便宜,不像个大人物。"百里奚说:"唉!我已漂泊多年,现在只想安定下来,我就留下来吧!"蹇叔叹了一口气,说:"这也怪不得你,不过,我还是得回去。以后你想到我,就到鸣鹿村来找我吧!"从此,百里奚就跟着宫之奇在虞国做大夫,谁知果然不出蹇叔所料,虞君为了贪得小利,竟连国家也葬送了。

　　公元前655年(就是齐桓公纠合诸侯在首止开会那一年),晋献公派大夫荀息到虞国,送上一匹千里马及一对价值连城的玉璧,说:"虢国(又称北虢,在山西省平陆县,在三门峡附近)三番两次侵犯我们,我们打算跟他们拼个你死我活,贵国可不可以借给我们一条道路,让我们通过?"虞公一味把玩着玉璧,同时鉴赏着千里马,说:"可以!当然可以!"宫之奇劝阻他说:"不行!不行哪!虢国跟咱们的关系,就如同唇齿相依一样,俗话说'唇亡齿寒',只要我们两个小国互相帮助,就不至于被别国蹂躏,万一虢国不幸倾覆了,虞国一定也保不住。"虞公反唇相讥说:"人家晋国诚心诚意送来这个无价之宝跟咱们交好,难道咱们小气得连一条道路都不能借人家走走?再说晋国比虢国强盛十倍以上,就算失了一个小国,可是交了一个大国,有何不好?"宫之奇还想再劝说,却被百里奚拦住了。宫之奇退出来,对百里奚说:"你不帮着我说话也就罢了,干嘛要阻挡我?"百里奚说:"跟有眼无珠的人讲道理,就好像把珍珠扔在马路上,算了吧!"宫之奇揣测虞国难逃灭亡的命运,就悄悄地带着一家人跑了。

晋献公派大将军里克领着大军,浩浩荡荡穿过虞国的土地,顺利地灭了虢国。回程时顺便也灭了虞国,取回了千里马和玉璧。虞公和百里奚都做了俘虏。

人生箴言

小人闲居为不善,无所不至。见君子而后厌然,掩其不善,而著其善。人之视己,如见其肺肝然,则何益矣。

——《礼记·大学》。

成长启示

> 品德低下的人在私下里无恶不作,一见到品德高尚的人便躲躲闪闪,掩盖自己所做的坏事而自吹自擂。殊不知,别人看你自己,就像能看见心肺肝脏一样清楚,掩盖有什么用呢?

多行不义必自毙

春秋时期,郑国君主郑庄公有个弟弟,名叫共叔段,他深得母亲姜氏的宠爱。姜氏为他向庄公讨封京地,庄公答应了,为此共叔段就在京地修起都城,自己住在那里,人们称他为京城太叔。

共叔段与母亲姜氏合谋,想除掉庄公,自立君主。为了积累力量,共叔段把京地的都城修筑得很大,并且招来许多人。郑国的大夫祭仲看到这种情况,便来见庄公,对他说:"依照先王的制度,大的都城不能超过国城的三分之一,中的都城不能超过国城的五分之一,小的都城不能超过国城的九分之一。因为都城超过了三百方丈,便是国家的隐患。如今京地的都城修筑已经不合法度了,我认为这对你很不利。"

庄公很为难地说:"这是母亲姜氏意愿,我怎样才能避免这种祸害呢?"

祭仲说道:"姜氏哪里会有满足的时候? 不如趁早设法不让她滋长蔓延。蔓草尚难除掉,况且是你所宠爱的弟弟呢?"

"他既然多做不义的事情,就一定会自取灭亡。你就等着瞧吧!"庄公没有听祭仲的话。

不久。共叔段把京地西边与北边的百姓,都召过来归他管理。接着又将那里的土地收来,归为自己。大臣们看到这种形势,都劝庄公快些把共叔段除掉,不然就很危险了。庄公还是那句老话:"他的行为很不义,一定没有人与他亲近,地方越多越有失败的危险,将来他必定会吃苦头的。"

共叔段胆子越来越大,他修好了城墙以后,又扩大了军队,制造了兵器,准备动手进攻郑国的都城。姜氏也秘密与他策划,作为内应,企图一举获胜。

可是共叔段与姜氏的计谋,庄公都看在眼里了。他得到了共叔段发动进攻的消息以后,便下令攻打京地,他派二百乘兵车包围了京城,京城内部的士兵也反叛过来,袭击共叔段。共叔段遭到惨败,只得逃之夭夭。

人生箴言

行不可不孰。不孰,如赴深溪,虽悔无及。

——《吕氏春秋·慎行》。

成长启示

行动不可以不深思熟虑。不深思熟虑,就如同奔向深谷,即使后悔也来不及了。